W. Knapp / H. M. Hahn

Astrofotografie als Hobby

Eine Anleitung
für Amateur-Astronomen

vwi Verlag Gerhard Knülle, Herrsching/Ammersee

ASTRO-FOTOGRAFIE ALS HOBBY

Verzeichnis der Bildautoren

Bildarchiv Baader Planetarium KG	*85, 86*
Canon-Archiv	*1, 2, 3, 4*
Celestron International/ Bildarchiv Baader Planetarium KG	*18, 23, 35, 38, 42, 57, 59, 67, 88, 93, 94, 95, 96*
Durst-Archiv	*97, 98*
Gaida	*69*
Hahn	*5, 7, 22, 24, 25, 27a-e, 28, 29, 31, 33, 34, 37, 47, 51, 54a-c, 55, 56, 60, 61, 64, 78, 81, 83, 84*
Knapp	*6, 8, 9, 10, 12, 13, 19, 20, 26, 32, 36, 45, 46, 49a-e, 68, 77, 90, 91*
Knülle	*14, 15, 16, 17, 30, 41, 43a-e, 44, 65, 66, 82*
Miller	*39, 40, 92*
Dr. Otter/Bildarchiv Baader Planetarium KG	*21, 74, 75, 76, 87*
Pollmann	*53, 70, 71, 72, 73*
Remmert	*48*
Rodenstock	*11*
Schreckling	*52a-c, 58a-d, 62a-c*
Schwarz	*50*
Station Scheuren	*63*
Stättmayer	*79, 80*
Vehrenberg	*Titel, 89*

© 1980 by vwi Verlag Gerhard Knülle, 8036 Herrsching
Alle Rechte, auch die des auszugsweisen Nachdrucks und der
fotomechanischen Vervielfältigung, ausdrücklich vorbehalten.
Lithografien: Firma Elex, Wiesbaden;
Druck: ESTA-DRUCK S. Tafertshofer, 8121 Polling
Printed in Germany (Federal Republic of Germany)

1. Auflage – 1.- 10. Tausend
ISBN 3-88369-016-3

Inhaltsverzeichnis

Vorwort

Im großen Angebot faszinierender Darstellungen über das gewaltige Universum mit seinen unzählbaren Sternen, Planeten und Sonnensystemen wird der Amateur-Astronom und erst recht der nach immer neuen Aufgaben suchende Hobbyfotograf entweder gar nicht oder aber nur sehr knapp über die Möglichkeiten und Erfordernisse informiert, um astronomische Aufnahmen nachvollziehen zu können.

Dabei ist ein zunehmendes Interesse festzustellen, den Himmel nicht nur zu beobachten, sondern seine vielzähligen Objekte auch selbst zu fotografieren. Die Perfektion moderner Kamera- und Objektivsysteme sowie auch die für Amateur-Astronomen erschwinglichen Teleskope bieten dafür gute Voraussetzungen, wobei nicht vergessen werden darf, daß die aufwendigen Untersuchungen und Testprogramme der Berufsastronomen auch für die Amateur-Astronomie die entscheidenden Vorarbeiten geleistet haben und weiterhin leisten.

Das vorliegende Buch ist in seiner Zusammenstellung auf den Erfahrungen von Amateur-Astronomen aufgebaut, wobei in einigen Fällen zur Veranschaulichung der Möglichkeiten auch Aufnahmen abgedruckt wurden, die eine anspruchsvollere Ausrüstung erfordern. Aber in allen Kapiteln war es das Bestreben der Autoren, mit Bildbeispielen zur Aktivität und eigenen Aufnahmen zu ermuntern und nicht durch Beispiele abzuschrecken, die für den Amateur-Astronomen unerreichbar sind.

Es sollte kein theoretisches Buch vorgelegt werden, sondern ein verständlicher Leitfaden mit vielen Anregungen. Eine Motivation für die ständig zunehmende Zahl derer, die sich für den „nächtlichen Himmel" interessieren und die ihn mit dem Auge und der Kamera erforschen wollen.

Der Verleger

Jeder Astro-Fotograf findet seinen Himmel

Der Besuch in einem Planetarium ist für die meisten Menschen ein Erlebnis ganz besonderer Art: unter der weitgespannten Kuppel können sie den — wenn auch künstlich projizierten — Sternenhimmel in einer Brillanz betrachten, die sich dem Beobachter des natürlichen nächtlichen Sternenhimmels nur noch selten bietet; geblendet von der nächsten Straßenlaterne ist man froh, durch die Dunstglocke über der Großstadt wenigstens die helleren Sterne erkennen zu können. Das hat zwar den Vorteil, daß sich auch „Anfänger" in dem „reduzierten" Gewimmel der Sterne besser zurechtfinden können, doch was ist das schon gegen einen Sternenhimmel, an dem man mit dem bloßen Auge wirklich noch Sterne bis zur sechsten Größenklasse erkennt.

Erst wer diesen Himmel erlebt hat, kann nachempfinden, welche Faszination dieses Naturschauspiel auf die Menschen früherer Kulturen ausübte. Ist es da verwunderlich, daß immer wieder einige versuchten, den Anblick des Himmels festzuhalten, sei es in Felsmalereien oder in Tabellenform. Ging es den einen lediglich um die Darstellung des Himmels, so versuchten die anderen, bestimmte Ereignisse zu dokumentieren, um aus den Aufzeichnungen mögliche Regelmäßigkeiten abzuleiten und diese wiederum zu Vorhersagungen zu nutzen.

Ähnliche Ziele verfolgt auch heute die Astro-Fotografie noch; die Aufgabenstellung allerdings hat sich verändert: es geht nicht mehr um die Vorhersage astronomischer Ereignisse, sondern um die wissenschaftliche Auswertung und Interpretation der Vorgänge im Weltall. Astro-Fotografie ist eines der wichtigsten Hilfsmittel der modernen Astronomie geworden. Es gibt zahlreiche Einsatzgebiete, so z. B. im Bereich der Veränderlichen-Forschung, in der man mit zwei zu unterschiedlichen Zeiten gemachten Aufnahmen veränderliche Sterne in einem bestimmten Himmelsareal erfassen kann; im Bereich der Spektrografie, wo es darum geht, die physikalischen Informationen des Lichtes schwacher Sterne festzuhalten. Die Astro-Fotografie dient zur exakten Bahnbestimmung von Kometen oder Kleinplaneten ebenso wie zur Beobachtung von Vorgängen auf der Sonne, zur Überwachung von Sternexplosionen in fernen Milchstraßen bis hin zum Aufspüren jener Objekte „am Rande" des Universums, von denen man sich „ein Bild" machen möchte. Wer einmal in einem „Astronomischen Bilderbuch" geblättert hat, wird durch die Vielfalt der Objekte und ihrer Formen im Weltall beeindruckt sein. Und natürlich taucht die Frage auf, ob und mit welchen Hilfsmitteln man solche Fotos auch selber machen kann . . .

Hier beginnt für viele die Auseinandersetzung mit den Problemen der Astro-Fotografie – und an dieser Stelle endet sie nicht selten auch schon, denn solche Aufnahmen, wie man sie oft in den Bilderbüchern findet, kann man ohne immensen technischen (und finanziellen) Aufwand nicht erzielen. Wem es um solche Bilder geht, tut gut daran, sie entweder bei entsprechenden Bildstellen zu erwerben oder sie aus Büchern zu kopieren.

Man kann sich aber auch Schritt für Schritt an die Grenzen der eigenen technischen Ausrüstung herantasten und nach und nach eine sinnvolle Ergänzung vornehmen. Fest steht jedenfalls, daß jeder „Astrofotograf seinen Himmel" findet, sofern seine Kamera über die Verschlußzeit „unendlich" (B-Einstellung) verfügt – denn nur dann kann er bis in die „unendlichen" Tiefen des Universums „vordringen"; wer dagegen nur für Sekundenbruchteile belichten kann, kommt über Sonne und Mond nicht hinaus. Aber die Langzeiteinstellung, durch das Symbol „B" gekennzeichnet, wird heutzutage in jeder guten Kamera geboten.

Die geeignete Kamera

Im Hinblick auf die folgenden Aufnahmetechniken soll jedoch schon jetzt klargemacht werden, daß für die Astro-Fotografie mit herkömmlichen Foto-Kameras nur der Reflex-Typ in Frage kommt, der bekanntlich die Mattscheibenbetrachtung erlaubt und damit vor allem neben der Belichtungs-Innenmessung die bildwinkelrichtige Motivbeobachtung und -beurteilung gestattet. Darüber hinaus ist Voraussetzung, daß das Objektiv wechselbar ist bzw. ganz abnehmbar, wenn die Kamera in Verbindung mit einem astronomischen Fernrohr zu Astro-Auf-

Abb. 1

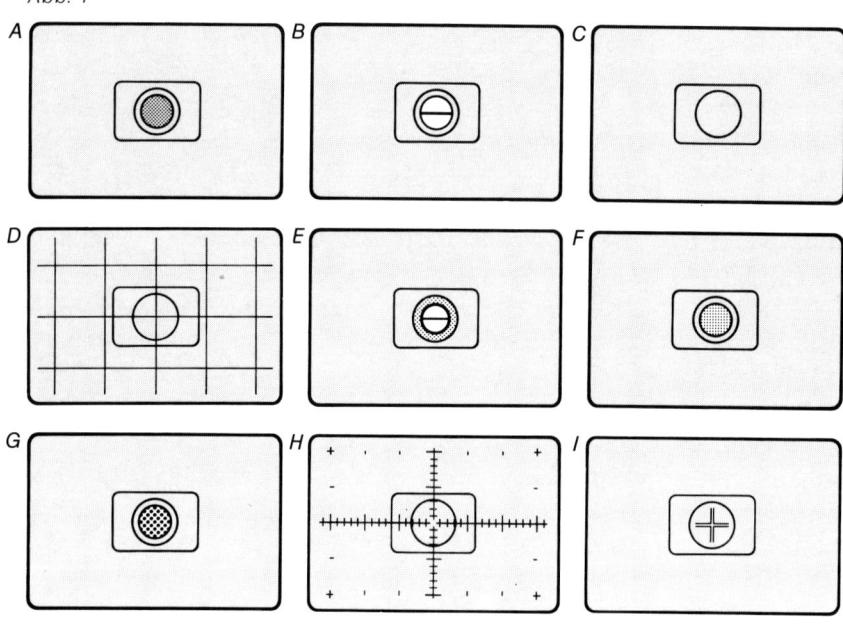

Abb. 1: Bei der Canon F-1 können die Suchereinstellscheiben (Mattscheiben-Einsätze) problemlos selbst ausgewechselt werden. Im aktuellen Zubehörprogramm stehen folgende Einsätze zur Verfügung:

Einsatz A = Mit Mikroprismen
Einsatz B = Mit Schnittbild-Indikator
Einsatz C = Mit Vollmattscheibe, mit feinmattiertem Mittenfleck
Einsatz D = Mit Netzeinteilung und Vollmattscheibe
Einsatz E = Mit Schnittbild-Indikator und Mikroprismen
Einsatz F = Mit Mikroprismen, für lichtstarke Objektive
Einsatz G = Mit Mikroprismen, für weniger lichtstarke Objektive ab 1:3,5
Einsatz H = Mattscheibe mit Meßteilung und feinmattiertem Mittenfleck
Einsatz I = Mit doppeltem Fadenkreuz und Klarfleck, z. B. für Mikro- und Astro-Fotografie

2

Abb. 2: Beispiel einer Reflexkamera mit manueller Einstellung der Spitzenklasse: Canon F-1

Sie legte den Grundstein für das Canon-Reflexsystem in seiner heutigen Form: die F-1, eine speziell auf die Wünsche und Bedürfnisse des Profis und engagierten Amateurs abgestimmte Systemkamera, die sich seit Anfang der siebziger Jahre als Favorit unter den einäugigen ESR-Kameras auf dem Markt behauptet. Von sprichwörtlicher Robustheit und Zuverlässigkeit, ist die F-1 selbst den härtesten Betriebsbedingungen gewachsen. Ihre Wechselsucher, auswechselbaren Einstellscheiben, ihr Motor- und Fernsteuerungszubehör gestatten die Anpassung an jede nur denkbare Aufgabenstellung. Wesentlich beteiligt am Erfolg dieser Kamera ist schließlich ihr teilselektiv über 12 % des Bildfeldes arbeitendes Offenblenden-Innenmeßsystem, das kompromißlos — selbst bei extremen Lichtverhältnissen — perfekte Belichtung garantiert, präzise steuerbar und trotzdem unkritisch in der Anwendung.

Abb. 3

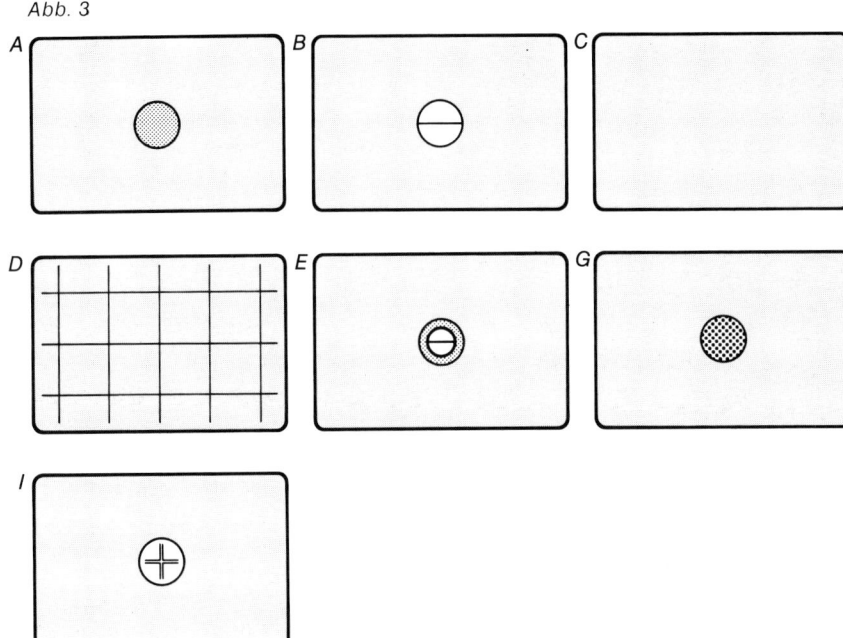

Abb. 3: Bei der Canon A-1 muß die jeweils gewünschte Suchereinstellscheibe vom autorisierten Kundendienst eingebaut werden. Es stehen folgende Varianten zur Verfügung:

Typ A =   Mattscheibe mit Mikroprismenfleck

Typ B =   Mattscheibe mit Schnittbildkeil

Typ C =   Voll-Mattscheibe

Typ D =   Mattscheibe mit Netzeinteilung

Typ E =   Standard-Mattscheibe mit Schnittbild-Indikator und Mikroprismenring

Typ G =   Mattscheibe mit Mikroprismenfleck grober Struktur für Objektive mit geringer Lichtstärke (ab 1:3,5)

Typ I =   Mattscheibe mit Doppelfadenkreuz im Klarfleck (besonders für Mikro- und Astrofotografie)

4

Abb. 4: Beispiel einer Reflexkamera mit elektronischer Belichtungssteuerung der Spitzenklasse:
Canon A-1
Die einaugige Kleinbildreflex, die alles hat und alles kann: Blendenautomatik, Offenblende-Zeitautomatik, Arbeitsblenden-Zeitautomatik, Programmautomatik und Blitzvollautomatik. Sämtlich vollelektronisch gesteuert, frei wähl- und ganz nach Aufgabengebiet oder Situation einstellbar. Dazu der erste Reflexsucher mit alphanumerischer Leuchtdiodenanzeige: In deutlich lesbaren Ziffern und Buchstaben erscheinen sämtliche nur denkbaren Aufnahmedaten und Warnungen beim Antippen des Zweistufenauslösers unter dem Sucherrahmen, in ihrer Helligkeit automatisch der Sucherhelligkeit angepaßt. Zentralsteuerung über den elektromagnetischen Auslöser garantiert sofortige Schußbereitschaft. Ein kompakter Profi-Motor mit getrennten Auslösern für Hoch- und Querformataufnahmen leistet bis zu fünf Bilder/sec. Natürlich ist der Power Winder A ebenso mit dieser Kamera einsetzbar wie auch zum Beispiel das Datenrückteil A.

nahmen herangezogen wird. Es gibt hier Kamera-Systeme, für die einige Hersteller von Fernrohren Adapter anbieten, zum Beispiel für die Canon Reflexkameras. Übrigens eines der interessantesten Kamera-Systeme, das wir kennen. Man kann zwischen verschiedenen Modellen wählen: einer Profi-Kamera, der F-1, mit wechselbaren Suchersystemen und Mattscheiben, mit arretierbarem Rückschwingspiegel, damit beim Auslösen auch nur ja keine Schwingungen entstehen. Der Mehrfachautomat A-1 ist interessant wegen seines breiten Automatikbereichs. Er gestattet automatische Verschlußzeitensteuerung bis zu 30 sec – eine für viele Astroaufnahmen passable Zeit. Und noch weitere Modelle könnten genannt werden. Auch die Original-Objektive des Programms bieten sich für unsere Zwecke an. Sie sind für alle nachfolgend genannten entsprechenden Bereiche passend lieferbar.

Allerdings sind selbst schon bei der einfachsten Himmelsfotografie zumindest einige Punkte zu beachten, damit das Aufnahme-Ergebnis den Anstrengungen entspricht.

So klang schon an, daß man mit Belichtungszeiten unter einer Sekunde kaum Sterne auf die lichtempfindliche Schicht wird bannen können. Will man andererseits die lichtsammelnde Wirkung der Emulsion ausnutzen, so macht einem die Drehung der Erde im wahrsten Sinne des Wortes „Striche durch das Bild": eine fest montierte Kamera dreht sich nämlich mit der Erde unter dem Himmel weg, und die Folge ist, daß die punktförmigen Sternabbildungen auf dem Foto zu Strichspuren auseinandergezogen werden.

„Polstrichspur-Aufnahmen"

Man kann solche „Strichspuraufnahmen" zu mancherlei Überwachungsprogrammen nutzen, etwa für die Kontrolle von Meteoriten oder Satelliten. In einem ganz speziellen Fall erhält man auf diese Weise aber auch ein ästhetisch reizvolles Foto – und hier haben wir eine erste Möglichkeit astrofotografischer Betätigung, die sich je-

dem Kamerabesitzer bietet. Die Kamera wird auf den Himmelsnordpol ausgerichtet. Er ist definiert als der Durchstoß der gedachten Erdachse durch die gedachte Himmelssphäre und erscheint damit als einzig ruhender Punkt am Himmel, der von der scheinbaren Drehbewegung des übrigen Sternenhimmels ausgenommen ist. Entsprechend führt eine längere Belichtungszeit dazu, daß die Sternspuren zu mehr oder minder langen Kreisbogen auseinandergezogen werden. Diese Bogen sind um so größer, je weiter der Stern vom Pol entfernt steht, denn die Winkelgeschwindigkeit ist ja, vorgegeben durch die Drehbewegung der Erde, konstant, und die jeweiligen Zentriwinkel für eine bestimmte Belichtungszeit sind für alle Sterne gleich groß.

Aufnahmetechniken

Man kann sich nun überlegen, wie lange mindestens belichtet werden muß, damit der Eindruck eines lediglich versetzten, durchgezogenen Kreises entsteht, ähnlich kreisförmigen Labyrinthdarstellungen. Dazu müssen wir den „mittleren Abstand" der Sterne in Polnähe, bezogen auf ihre Längenkoordinate, die Rektaszension, abschätzen: im Bereich von 10° rund um den Pol gibt es etwa 50 Sterne bis zur 6. Größe; wären sie gleichmäßig in Rektaszension verteilt, so stünde etwa alle siebeneinhalb Grad ein Stern auf Deklinationen zwischen 80° und 90°. Entsprechend müßten die Kreisbogen der Sternspuren mindestens siebeneinhalb Grad lang werden, um – bei angenommener Gleichverteilung – den Eindruck eines Vollkreises zu erreichen. Da sich die Erde in knapp 24 Stunden einmal um die eigene Achse, also 360°, dreht, ergeben sich siebeneinhalb Grad in etwa 30 Minuten. Belichtungszeiten unter diesem Wert führen zu unvollständigen Bildern. Man tut demnach gut daran, angesichts der ja keineswegs so gleichmäßigen Verteilung der Sterne, eher doppelt so lange zu belichten, also 60 Minuten – oder noch mehr.

Allerdings sollte man es auch nicht zu weit treiben, da sonst die Gefahr besteht, daß die lichtschwachen Sterne im „Himmelshintergrund" ertrinken: bei langen Belichtungszeiten machen sich zusätzliche Lichtquellen, wie

5

Abb. 5: Mehr als vier Stunden wurde diese Polaufnahme bei ruhender Kamera mit einem 3,5/28-mm-Objektiv auf Agfachrome CT 18 belichtet. Deutlich ist zu erkennen, daß der Polarstern nicht genau mit dem Himmelspol zusammenfällt. Bedingt durch die unterschiedlich langen Kreisbögen und die damit verbundene abnehmende „effektive" Belichtungszeit mit wachsendem Polabstand sind die Sternhelligkeiten auf solchen Aufnahmen verfälscht: Je näher zum Pol die Sterne stehen, desto mehr „überbelichtet" erscheinen sie.

etwa Mondschein oder das Streulicht irdischer Lichtquellen, störend bemerkbar. Sie führen zu einem immer stärker werdenden „Grauschleier" auf dem Bild, in dem die lichtschwachen Sterne nicht mehr auszumachen sind. Im Kapitel „Die Reichweite von Astro-Aufnahmen" wird darauf noch ausführlicher eingegangen.

Wichtig für das Gelingen unserer Polaufnahmen ist natürlich auch ein möglichst genaues Ausrichten der Kamera auf den Himmelsnordpol. Man kann dazu den Polarstern in die Mitte des Sucherbildes rücken (bei dieser „unendlichen" Entfernung ist der Parallaxeneffekt bei Nicht-Reflexkameras sogar mathematisch exakt aufgehoben). Allerdings steht der Polarstern ja nicht genau am Himmelsnordpol, sondern etwas weniger als ein Grad von ihm entfernt; er wird daher ebenfalls einen, wenn auch kleinen, Kreisbogen im Bild zeichnen. Wer es genauer machen will, benötigt einen Winkelmesser, ein Lot und die exakte Nord-Süd-Richtung. Zunächst wird das Stativ so aufgestellt, daß die Kamera genau nach Norden zeigt. Mit Hilfe des Lots und des Winkelmessers muß man die Kamera dann so weit neigen, daß der Winkel zwischen der Filmebene (die parallel zur Rückwand des Fotoapparates liegt) und der Lotrichtung gerade der geographischen Breite des Standorts des Beobachters entspricht.

Mögliche Objektiv-Brennweiten
Eine besondere Brennweite ist für derartige Polaufnahmen nicht notwendig, es ist jedes Objektiv im Brennweitenbereich von 28 bis 200 mm geeignet. (Ähnliches gilt auch für das Filmmaterial, auf das später noch eingegangen wird.) Mit zunehmend längerer Brennweite muß natürlich die Kamera genauer justiert werden, will man den Himmelspol präzise in die Bildmitte bekommen. Mit längerer Brennweite wird allerdings die scheinbare Bewegung des Polarsterns auch deutlicher. Um den ästhetischen Reiz solcher Aufnahmen zu erreichen, empfiehlt es sich, einen Vordergrund mit aufs Bild zu bringen, z. B. eine Baumgruppe, die sich dann als dunkle Silhouette vom aufgehellten Himmel abhebt. Man wird angesichts der schwachen Lichtintensität der Sterne versucht sein,

die volle Öffnung des Objektivs als Blendeneinstellung zu wählen; je nach „Himmelshelligkeit" kann das aber eher falsch sein (siehe „Die Reichweite von Astro-Aufnahmen"); hier ist eine Testreihe sinnvoll. Damit der Himmel nicht zu sehr aufgehellt wird, macht man solche Aufnahmen am besten in mondlosen Nächten. Ähnliches gilt für die Entfernungseinstellung „unendlich": auch hier kann es vorkommen, daß die „dünnsten" Sternspuren (entsprechend einer scharfen Abbildung) bei leicht veränderter Entfernungseinstellung erzielt werden.

Die beiden letzten Fakten machen auch schon deutlich, daß die Astro-Fotografie nicht zuletzt ein weites Experimentierfeld ist – eine Tatsache, die in den folgenden Kapiteln immer wieder zum Ausdruck kommt. Sicher kann man z. B. eine Polaufnahme auch „einfach so" machen, ohne vorher großartige Überlegungen anzustellen; aber die Ergebnisse „mit" und „ohne" werden sich voneinander unterscheiden!

Die eigene Sternkarte

Eine reizvolle Aufgabe für manchen Sternfreund wird es sicherlich sein, einen Sternatlas aus eigenen Fotos herzustellen. Dazu kann die übliche Spiegelreflexkamera-Ausrüstung benutzt werden. Die Wahl des Objektivs richtet sich dabei nach dem Wunsch, mit wieviel Einzelfotos man zu einem Gesamtbild kommen möchte.

Mögliche Objektiv-Brennweiten
Es gibt da verschiedene Möglichkeiten, z. B. eine Bildserie mit einem sogenannten Fischaugen-Objektiv aufgenommen. Theoretisch käme man beim Bildwinkel von 180° mit ein paar Aufnahmen aus, denn dieses Objektiv erfaßt ja damit weiteste Räume. Allerdings hat das den allen Reflex-Fotografen (die nicht kreativ arbeiten) bekannten, kaum erträglichen Nachteil, daß nur die unmittelbar in der Mitte des Bildes liegenden Motivpunkte einigermaßen naturgetreu erscheinen; zu den Bildrändern hin nehmen die perspektivischen Verzeichnungen im-

mer stärker zu – die Objekte erscheinen halbkreisförmig durchgebogen. Es ist logisch, daß damit keine Sternkarte zusammengesetzt werden kann. Eine andere Möglichkeit ist die Zusammenstellung vieler Einzelaufnahmen mit einem schwachen Weitwinkel oder Standardobjektiv. Sie zeigen allerdings jeweils nur einen kleinen Ausschnitt des Himmels; wir sind damit bei der Methode: Mosaik aus vielen Einzelaufnahmen.

Bleiben wir bei der Möglichkeit des Mosaiks. Ein Standardobjektiv mit 50 mm Brennweite und ein hochempfindlicher Film sind dazu am besten geeignet. Mit Einzelbelichtungen von 10 sec werden Sterne bis fast zur 8. Größenklasse abgebildet, was für unsere Zwecke völ-

Abb. 6: Orion. 1 Min. Belichtung auf Kodachrome 64 mit Normal-Objektiv bei Bl. 1,8 und mit Nachführung.

Abb. 7: Mit einem Fischaugen-Objektiv kann man fast den gesamten sichtbaren Himmel auf einmal fotografieren. Die Aufnahme entstand im Herbst 1973, als der Mars hellleuchtend im Sternbild Widder stand. 60 Min. mit einem 8,0/12-mm-Fischauge auf GAF D 500 belichtet.

8

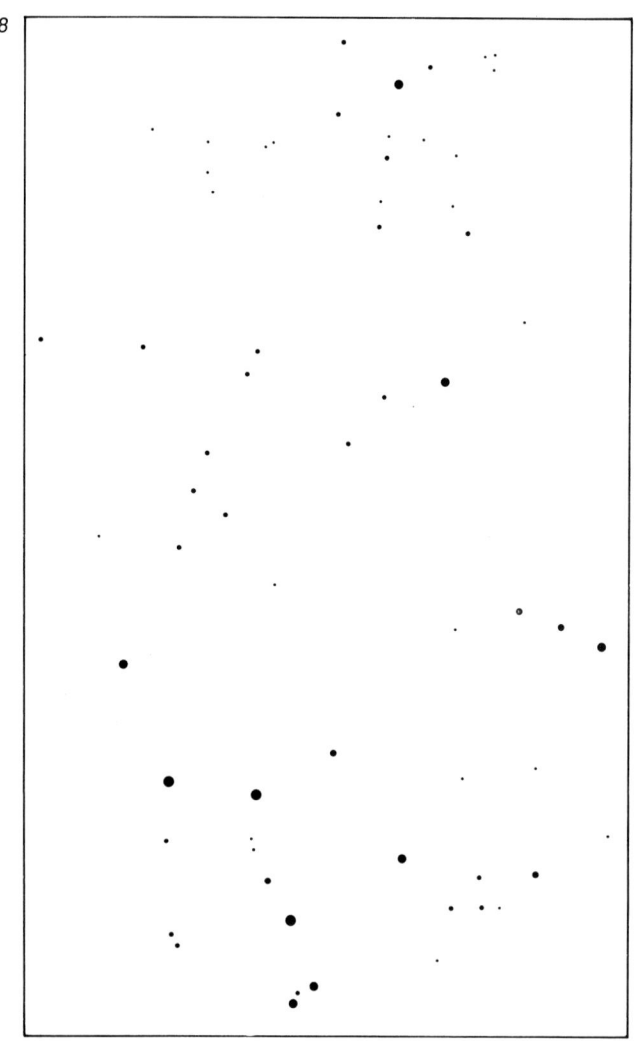

9

*Abb. 8/9: Aus Strichspuraufnahmen lassen sich eigene Stern-
karten herstellen. Anfang oder Ende der Sternspuren dienen
hierbei als Anhaltspunkt. Da die Länge der Sternspuren ohne
Bedeutung ist, kommt man mit kurzen Belichtungszeiten
aus. Der helle Stern oben ist der Polarstern, unten das „W"
der Cassiopeia.*

lig ausreicht, und außerdem ist bei dieser Belichtungszeit für die „normale" Kamera noch keine Nachführung erforderlich. Etwas Planung und Geschick erfordert es, die Aufnahme-Sektoren (Himmelszonen) so einzuteilen, daß später die Bilder mit etwas Überlappung zusammengefügt werden können. Nur mit Gefühl, Schätzung und dem sogenannten Daumen-Maß kommt man dabei nicht weit.

Eine große Hilfe bietet ein Objektiv mit vollkommener Bildfeldebnung bis zum Bildrand. Es vermindert die Schwierigkeiten, die ohnehin auftreten, wenn man Ausschnitte aus einem kugelförmigen Gebilde fotografiert und später zusammensetzt. Zumindest ergibt sich bei totaler Bildfeldebnung keine Verzeichnung der Sterne selbst. Objektive mit diesem Vorzug finden Sie zum Beispiel im Canon Reflexprogramm. Es handelt sich hier um die FD 3,5/50 mm und FD 4,0/100 mm Makro. Letzteres würde allerdings aufgrund seiner Telewirkung einen noch kleineren Himmelsausschnitt bringen und somit zu zahlenmäßig mehr Aufnahmen führen. Diese Objektive sind speziell auch für Reproaufnahmen gerechnet; gerade Reproduktionen von Gemälden, aus Büchern etc., erfordern ja so plane Wiedergabe wie im Objekt gegeben, ohne Verzeichnung.

Aufnahmetechniken

Eine wertvolle Hilfe ist auch ein schwenkbarer Stativkopf mit Gradeinteilung für vertikale und horizontale Schwenks. Ein Objektiv erfaßt z. B. einen Ausschnitt von etwa 28° mal 42°. Bei Hochformataufnahmen wählt man für die einzelnen Aufnahmen Einstellschritte von etwa 20° in horizontaler Richtung und von 30° in vertikaler Richtung. Das ergibt zwar eine starke Bildüberlappung, aber diese braucht man hinterher trotzdem, um die auch hier auftretenden Verzerrungen auszugleichen. Verzerrungen treten auch bei bester Optik schon deshalb auf, weil wir es bei der Mosaik-Herstellung mit einem uralten Problem der Geographen zu tun haben: es ist einfach nicht möglich, eine Kugeloberfläche in eine Ebene zu pressen. Beim Aneinanderfügen der Bilder werden wir immer feststellen, daß nicht alle Sterne an den Rändern

zweier Bilder deckungsgleich sind. Mit einer Schere wählen wir deshalb Hauptsterne oder Sterngruppierungen eines Bildes aus, so daß die Fehler möglichst unmerklich in sternarme Gegenden fallen.

Auch aus Strichspuraufnahmen lassen sich Sternkarten herstellen, wenn man die jeweiligen Anfangspunkte (oder Endpunkte) der Striche als Stern markiert. Dazu kann man entweder das Negativ in den Vergrößerungsapparat einlegen und auf ein Papier projizieren. Den verschieden starken Strichspuren kann man nun mit Bleistift einen entsprechend starken Anfangspunkt als „Stern" zuordnen. Oder man kann auch ein durchscheinendes weißes Papier auf ein vergrößertes Positiv legen und beides gemeinsam auf eine Fensterscheibe halten, um die Anfangspunkte der Spuren zu markieren.

Die so hergestellte Sternkarte hat gegenüber der fotografischen Vergrößerung zwar den Nachteil, daß sie negativ ist, schwarze Sternpunkte vor weißem Himmel, dafür hat sie aber auch Vorteile: die einzelnen Strichspuren sind eindeutig Sterne, es gibt keine „Dreck-Effekte" durch Staub. Außerdem lassen sich auf dem Papier beliebige Kennzeichen und Beschriftungen auftragen, zum Beispiel Stern- und Sternbildnamen, Koordinaten oder Kometenbahnen.

Strichspuraufnahmen von Sternfeldern, die man später umsetzt in gezeichnete Sternkarten, haben auch noch den Vorteil, daß bei ihnen eventuelle Abbildungsfehler des Objektivs nicht mehr zum Tragen kommen. Solche Fehler können sich dadurch bemerkbar machen, daß die Sternbilder an den Rändern keine kreisrunden Punkte mehr sind. Sie können kleine Schweife wie Kometen haben, oder die Sterne sind zu winzigen Kreisbögen um die Bildmitte auseinandergezogen.

Ein Objektiv, mit dem man bisher „gestochen scharfe" Landschafts- oder ähnliche Aufnahmen machte, kann sich als fehlerhaft erweisen, wenn man es der scharfen Prüfung einer Astroaufnahme unterwirft. Beim Kauf eines neuen Objektivs, mit dem man Sterne fotografieren will, ist es deshalb zweckmäßig, vor dem endgültigen Kauf – der Fotohändler wird Verständnis dafür haben – 15

Abb. 10: Mit steigender Brennweite nimmt das Gesichtsfeld immer mehr ab, dafür aber werden mehr Einzelheiten sichtbar. Die Rechtecke, die das Sternbild Orion einrahmen, geben etwa die Bildgröße bei verschiedenen Brennweiten an: 50°x75° bei 28 mm, 28°x42° bei 50 mm, 10°x15° bei 135 mm und 6°x9° bei 240 mm (siehe auch Abb. 85-87).

10

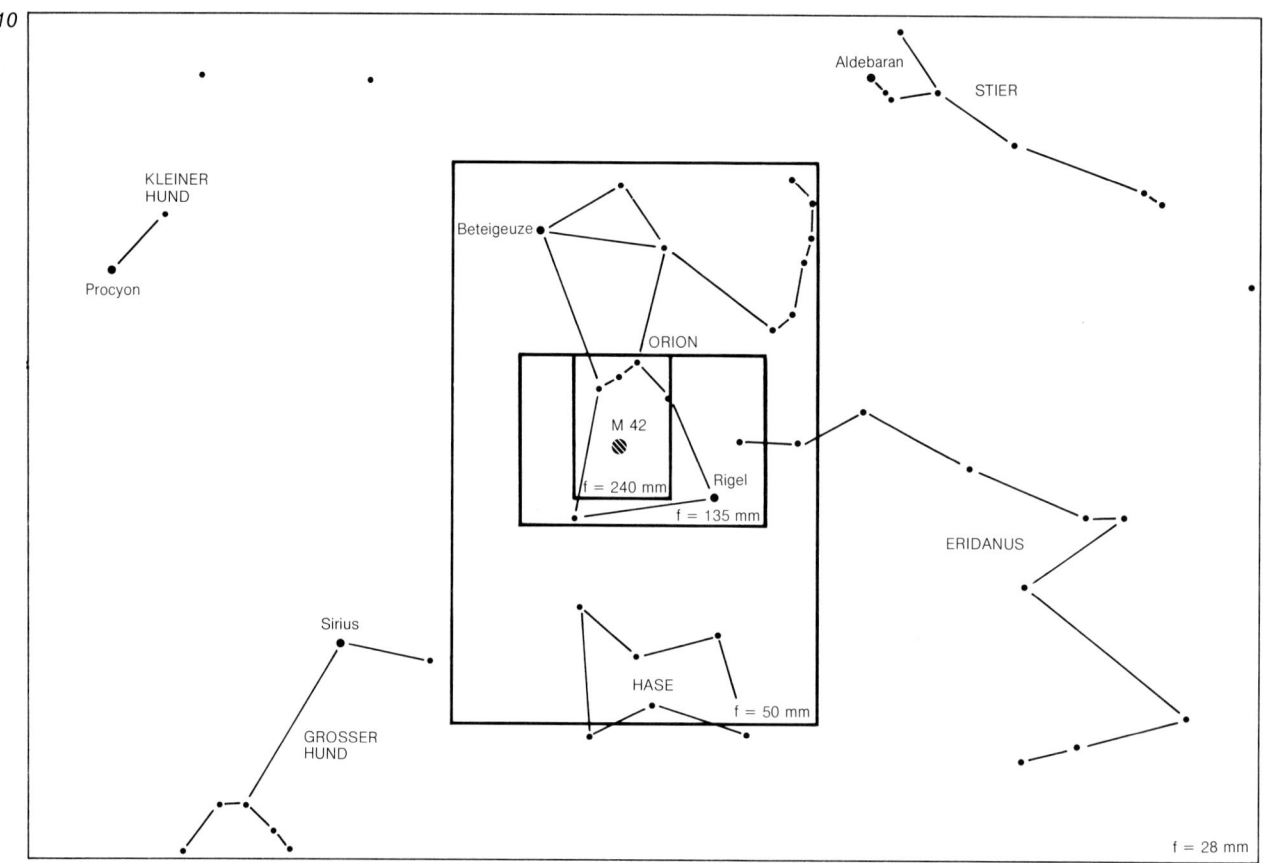

Probeaufnahmen zu machen, um es gegebenenfalls gegen ein anderes austauschen zu können. Wir verweisen an dieser Stelle noch einmal auf Objektive mit optimaler Bildfeldebnung (Korrektur des Fehlers „Bildfeldwölbung").

Für eine Probeaufnahme reicht es aus, eine Himmelsgegend mit ausreichender Sternverteilung zwei Sekunden lang auf hochempfindlichen Film zu belichten, möglichst in Polnähe, wo die Strichspuren dann verschwindend kurz sind, mit einigen helleren Sternen an den Rändern des Bildfeldes. Um auch eventuelle Verwacklungen durch das Auslösen der Kamera zu vermeiden, wählt man die Einstellung B und öffnet den Verschluß mit einem feststellbaren Drahtauslöser. Dabei wird vorher eine schwarze Pappe (berührungslos) vor das Objektiv gehalten. Nach Öffnen des Verschlusses und einer kurzen Wartezeit, in der eventuelle Schwingungen der Kamera auf dem Stativ ausgeklungen sind, zieht man die Pappe seitlich weg und verdeckt nach zwei Sekunden wieder das Objektiv. Nun kann man mit dem Drahtauslöser den Verschluß wieder schließen. Diese Art der Belichtung empfiehlt sich eigentlich für alle Aufnahmen mit Belichtungszeiten ab einer Sekunde. Hier sind, wie bereits erwähnt, diejenigen Kameras von Vorteil, die einen arretierbaren Rückschwingspiegel haben bzw. einen eingebauten (elektronischen) Selbstauslöser; dies vermeidet zunehmend Erschütterungen.

Nicht immer sind Sterne Punkte

Auf dem entwickelten Negativ kann man mit der Lupe die einzelnen Sterne betrachten. Daß sie bis in die Ecken exakt runde schwarze Punkte sind, kann man nur von besten Objektiven erwarten. Mit dem bloßen Auge betrachtet aber sollten keine Verzerrungen erkennbar sein. Bei einem Weitwinkel muß man seine Erwartungen etwas niedriger schrauben. In den Ecken mindestens werden die Punkte etwas nach außen elliptisch verzogen sein.

Linsenfehler und ihre Auswirkungen

Kein Objektiv ist 100%ig fehlerfrei. Durch Kombination verschiedener Linsen wird zwar versucht, die Fehler möglichst gering zu halten. Bei den Fehlern schlecht korrigierter Objektive handelt es sich um sphärische Aberration, Koma, Bildfeldwölbung, Astigmatismus, Verzeichnung und chromatische Aberration. Bei modernen Objektiven, wie z.B. die im bereits zitierten Canon-Programm, sind alle so gut korrigiert, daß sie bei „normalen" Aufnahmen nicht sichtbar sind. Sternpünktchen jedoch, besonders an den Bildrändern, sind scharfe Richter über Objektiv-Fehler. Die Fehler im einzelnen kurz erläutert: Trifft ein paralleles Strahlenbündel (wie es von den „im Unendlichen" stehenden Sternen kommt) auf eine Linse, so vereinigen sich die Randstrahlen etwas näher hinter der Linse als die Strahlen durch die Linsenmitte. Die Bildpunkte sind dadurch an den Rändern unscharf. Diese „sphärische Aberration" ist bei heutigen Objektiven so gut korrigiert, daß man sie nicht beachten muß. Abhilfe würde gegebenenfalls eine kleinere Blende schaffen. Die „Koma" tritt bei schräg auftreffenden Strahlenbündeln auf. Sie äußert sich in kometenähnlichen Schweifen der Bildpunkte oder in elliptisch verzogenen Punkten. Der Fehler kann bei Objektiven mit großem Bildwinkel auftreten.

Auch die „Bildfeldwölbung" spielt bei Weitwinkel-Objektiven eine Rolle. Die Brennweite ist ja eine bestimmte Länge auf der optischen Achse. Außerhalb der optischen Achse beschreibt – rein geometrisch gesehen – dieser Brennpunkt eine Kugelfläche. Der Film aber ist eine Ebene, die nur in der Mitte an dieser Kugel anliegt (wenn man die Bildmitte scharf einstellt). Einige Spezialkameras (zum Beispiel zur Kartierung aus der Luft) haben deshalb entsprechend gewölbte Film„ebenen". Bei den Kleinbildkameras sind die Objektive normalerweise genügend gut auf ebenes Bildfeld korrigiert, zum Beispiel bei Canon besonders die FD Makro 3,5/50 mm und 4,0/100 mm. (Diese Objektive wären übrigens nicht nur für die Astro-Fotografie eine Sonderanschaffung, sie sind als Universalobjektive auch für die herkömmliche Hobbyfotografie einzusetzen und gestatten Aufnahmen von unendlich bis 1:2 ohne Sonderzubehör.)

„Astigmatismus" bedeutet „nicht punktförmig" (aus dem Griechischen stigma = Stich, Punkt). Schräg einfallende Strahlen treffen sich vor und hinter dem geometrischen Brennpunkt in zwei aufeinander senkrecht stehenden Brennlinien. Objektive, bei denen dieser Fehler und gleichzeitig die Bildfeldwölbung beseitigt ist, heißen „Anastigmaten".

Bei der „Verzeichnung" werden die Ecken des Bildes nach außen (kissenförmig) oder nach innen (tonnenförmig) gezogen. Häuserkanten zum Beispiel erscheinen dadurch gebogen. Besondes weitwinklige Objektive zeigen augenfällig diesen Fehler, manchmal sogar absichtlich, zum Beispiel bei den bekannten, rund wirkenden Bildern der Fischaugen-Objektive. Bei Sternaufnahmen stört dieser Fehler nur, wenn es um Positionen von Sternen geht. In diesem Fall kann man ein entsprechend gebogenes Koordinatensystem zugrunde legen. Die Verzeichnung eines Objektivs läßt sich leicht und anschaulich ermitteln, wenn man ein quadratisch gerastertes Papier (aus einem Rechenheft der Schule oder Millimeter-Papier) formatfüllend fotografiert. Mit dieser Fotografie kann man sich auch leicht ein Gradnetz schaffen, mit dem der Abstand von Sternen auf dem Foto ermittelt werden kann. Bei 50 mm Brennweite zum Beispiel fotografiert man ein quadratisches Raster mit 1 cm Linienabstand (die dickeren Linien im Millimeter-Papier) aus 57,3 cm Entfernung (Entfernung vom Objektiv). Auf dem Film haben die Linien dann Abstände von jeweils 1°. Die „chromatische Aberration" schließlich rührt von der für verschiedene Wellenlängen des Lichtes unterschied- 17

Abb. 11: Grafische Darstellungen der wichtigsten Abbildungsfehler (a) und deren Korrektur (b) bei optischen Systemen.
Die Abbildungsfehler sind in Qualitätsobjektiven (bei Aufnahmeobjektiven für Reflexkameras z. B. Marke Canon, bei Vergrößerungsobjektiven z. B. Marke Rodenstock) durch Verwendung von Linsenkombinationen aus verschiedenen Glassorten mit unterschiedlichen Brechzahlen eliminiert.

11

Der Farbfehler (chromatische Aberration)

Da die Brechzahl des optischen Glases von der Wellenlänge des Lichtes abhängig ist, werden die Strahlen verschiedener Wellenlänge (z. B. als Spektralfarben blau, grün, und rot erscheinend) durch die Linse verschieden stark gebrochen. Sie schneiden die optische Achse nicht einheitlich in einem Punkt (sondern blau vor grün und grün vor rot). Resultat: Die Abbildung erscheint unscharf und mit Farbsäumen behaftet. Dieser auch als Farblängsfehler zu bezeichnende Fehler hat noch eine Parallele, den Farbquerfehler, der außerhalb der optischen Achse ähnlich negative Ergebnisse bringt.

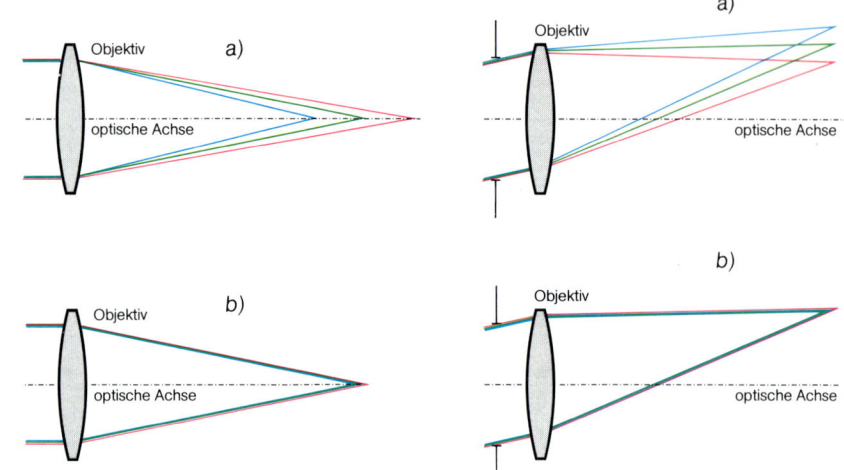

Die sphärische Aberration

Sie kennzeichnet insbesondere die Eigenschaft von Einzellinsen, daß achsenferne Lichtstrahlen stärker gebrochen werden, als achsennahe. Achsenferne Strahlen schneiden sich demnach vor achsennahen Strahlen. Die sphärische Aberration verursacht somit ein unscharfes Bild. Dieser Fehler nimmt mit größerem Durchmesser der Linse zu.

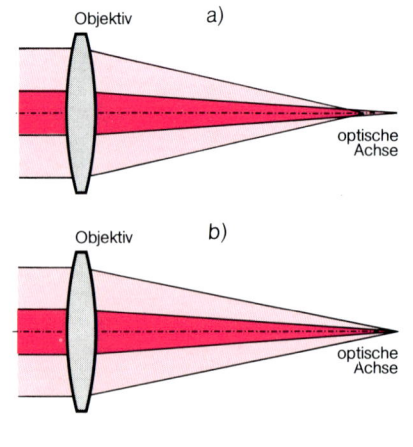

Der Astigmatismus

Strahlen von Objektpunkten, die außerhalb der optischen Achse liegen, ergeben nicht mehr ein punktförmiges Bild, es entstehen vielmehr zwei linienförmige Bilder. Diese sind senkrecht zueinander ausgerichtet und liegen in verschiedenen Ebenen.

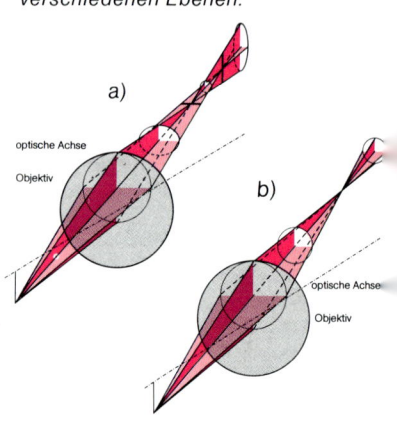

Die Verzeichnung

Die Verzeichnung ist ein Bildfehler, der bewirkt, daß das Bild eines Rechteckes an seinen Ecken entweder kissenförmig ausläuft, oder tonnenförmig eingeschrumpft ist. Verzeichnung bedeutet somit eine lokale Änderung des Abbildungsmaßstabes.

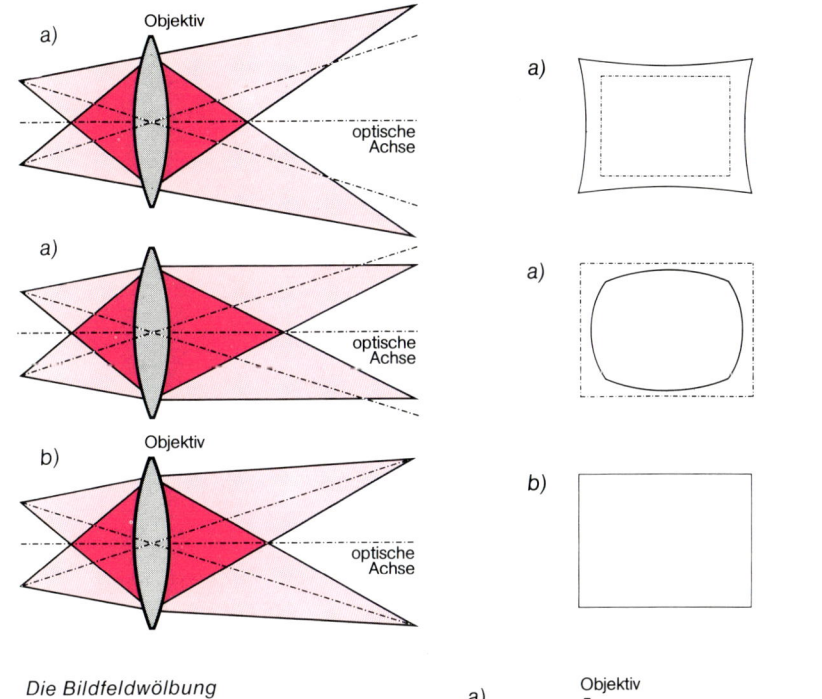

Der Koma-Fehler

Ein Punkt, der weit außerhalb der optischen Achse liegt, wird scharf mit einem Schweif abgebildet (Komet). Bei Korrektur des Koma-Fehlers durch Verwendung mehrerer Linsen wird auch das Bild eines solchen außeraxialen Punktes wieder punktförmig.

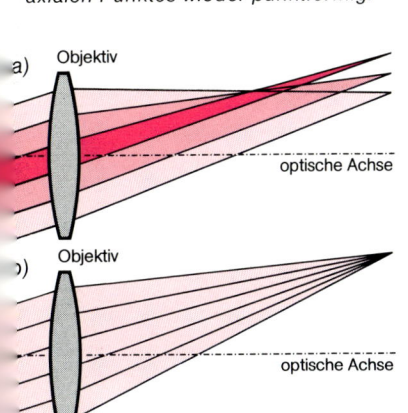

Die Bildfeldwölbung

Dieser Linsenfehler bewirkt, daß die Bildebene gewölbt ist. Bildmitte und Bildrand können dann nicht gleichzeitig scharf gestellt werden. Ist die Bildmitte scharf, ergibt sich Unschärfe am Bildrand, ist hingegen der Bildrand scharf, verliert die Bildmitte an Schärfe.

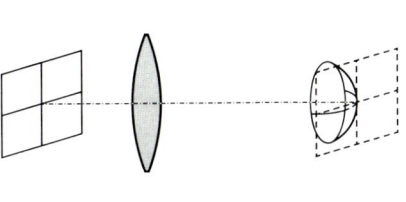

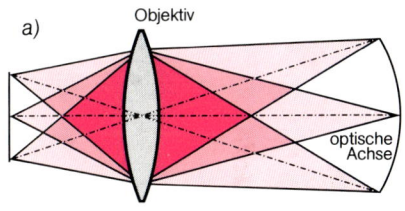

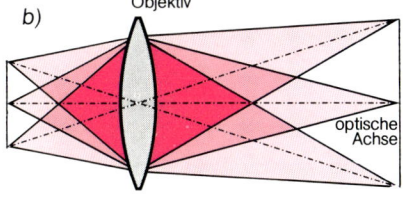

Die graphischen Darstellungen wurden mit freundlicher Genehmigung der Firma Rodenstock der »Rodenstock-Vergrößerungsfibel« entnommen.

lichen Brechkraft einer Linse her. Durch Kombination von Linsen aus unterschiedlichem Glas (verschiedener Dispersion) läßt sich der Fehler weitgehend beheben. Wie schon erwähnt, sind die meisten modernen Objektive bezüglich aller Fehler so weit korrigiert, daß die Sterne scharfe Punkte zeichnen. Eventuell doch auftretende Fehler können meist durch Wahl einer kleineren Blende gemildert werden. Abgesehen davon, daß das auf Kosten der Belichtungszeit geht, darf man jedoch nicht beliebig weit abblenden: die Linsen- und Blendenränder erzeugen Beugungen, die sich allerdings erst bei übertrieben kleinen Blenden als erkennbare Vergrößerung der Beugungsscheibchen bemerkbar machen.

Kamera-Nachführung

Will man die Kamera dem Sternenhimmel nachführen und benutzt das Astro-Fernrohr als Nachführ-Instrument, gibt es meist keine Schwierigkeiten, die Kamera am Fernrohr zu befestigen: die meisten Teleskope haben eine entsprechende Vorrichtung mit einem Kameraanschluß-Gewinde; man schraubt die Kamera aufs Fernrohr wie auf ein normales Stativ. Auch ein Stativ-Schwenkkopf läßt sich dazwischenmontieren, denn die Kamera muß ja nicht präzis in die achsenparallele Richtung schauen wie das Teleskop. Allerdings ist es zweckmäßig, den Leitstern zum Nachführen aus dem Feld zu wählen, das auch die Kamera fotografiert. Jede Abweichung von der exakten Justierung des Fernrohrs macht sich um so stärker bemerkbar, je weiter der Leitstern von der optischen Achse des Kameraobjektivs entfernt ist.

12

13

Abb. 12: Orion. Aufnahme auf Ektachrome 400 mit einem Weitwinkel-Objektiv 28 mm. Bei Bl. 2,8 und einer Belichtungszeit von 5 Min. zeichneten die Sterne kurze Spuren. Die Aufnahme entstand auf dem Calar Alto in Südspanien.

Abb. 13: Orion. Die Aufnahme wurde mit einem Normal-Objektiv bei Bl. 1,8 auf Color-Diafilm Kodachrome 64 aufgenommen. Während der 5 Min. dauernden Belichtung wurde exakt nachgeführt. Der Orionnebel ist gut zu erkennen.

Ist keine Vorrichtung zur Kamerabefestigung vorhanden, wird an Phantasie und Bastler-Geschick appelliert. Tesa-Film reicht nur notdürftig. Mit Holz, Kunststoff oder Stahlbändern lassen sich jedoch ohne weiteres Vorrichtungen bauen, mit denen die Kamera oder ein Schwenkkopf am Fernrohrtubus befestigt werden kann.

Neben Weitwinkel- oder Normalobjektiven, bei deren Einsatz es hauptsächlich um Aufnahmen weiträumiger Sternfelder geht, bietet sich für das Teleobjektiv schon eine passable Auswahl astronomischer Objekte. Mit einem Tele von 400 mm Brennweite etwa erfaßt man das Bild vom Orionnebel am unteren Bildrand bis zu den Gürtelsternen. Die Plejaden sind kein kleines Fleckchen irgendwo im Bild, sondern füllen es zur Hälfte aus.

Bei solchen Aufnahmen muß die Befestigung der Kamera mit dem schweren Teleobjektiv besonders stabil sein. Außerdem muß man darauf achten, daß die Nachführung durch die starke Gewichtsverlagerung weiterhin sauber funktioniert. Mit Ausgleichsgewichten kann man den Schwerpunkt notfalls wieder in die Achse bringen.

Kamera plus Astro-Fernrohr als Teleoptik

Von einem 400-mm-Teleobjektiv ist der Schritt nicht weit, das Fernrohr selbst als Objektiv zu benutzen, denn es entwirft, genau wie das Objektiv der Kamera, ein Bild in der Brennebene. Es geht also nur darum, das Okular durch einen Film zu ersetzen. Das ist Astronomen-Sprache und für einen Hobbyfotografen nicht ganz klar. Aber sehen Sie weiter.

Die meisten Teleskope sind „von Hause aus" darauf eingerichtet, daß eine Foto-Kamera angebracht werden kann. Zu ihrer Ausrüstung (zum Beispiel bei den Celestron-Geräten) gehören Adapter, mit denen eine Kleinbild-Reflex-Kamera am Okularauszug angebracht werden kann. Das Fernrohr kann man also in diesem Fall einfach als eins der Wechselobjektive für die Kamera betrachten.

Die Kamera mit Reflexsucher (Mattscheibe) ist deshalb wichtig, weil man keine Entfernungsskala (Schärfeskala) am Astro-Fernrohr hat. Die Schärfe muß im Sucher eingestellt werden, und zwar peinlich genau. Es gibt auch für andere Kameras, etwa mit Leuchtrahmensucher, oder für selbstgebaute Halterungen für Platten, Möglichkeiten, durch eine Öffnung in der Rückwand mit Hilfe eines Okulars die Schärfe sehr genau einzustellen. Was hier jedoch mit hohem bastlerischem Aufwand erreicht wird, ist bei einem Kameragehäuse mit Reflex-Sucher ein Kinderspiel.

Bei der Kamera am Fernrohr-Ende ist ebenfalls die Gewichtsverlagerung zu beachten. Bei leichteren Montierungen kann man notfalls ein entsprechendes Gegengewicht am entgegengesetzten Ende anhängen (normalerweise am vorderen Ende, bei Newton-Spiegelteleskopen am hinteren).

Besonders bei den hohen Vergrößerungen mit diesem Fernrohrtele stören Erschütterungen aller Art. Sie können zum Beispiel dadurch verursacht werden, daß der Schwingspiegel beim Öffnen des Verschlusses nach oben schwingt. Hier empfiehlt sich die Methode mit der schwarzen Pappe vor dem Objektiv, wie sie vorher beschrieben wurde.

Teleskope sind in erster Linie für die Beobachtung einzelner Objekte gedacht. Wegen ihres kleinen Gesichtsfeldes eignen sie sich nicht zum Fotografieren von Sternfeldern. Will man das Bildfeld erweitern, was ja ohne weiteres möglich ist, wenn man den Tubus des Fernrohrs entsprechend erweitert, so würden sich aber die optischen Fehler rapide vergrößern, je weiter man sich von der optischen Achse entfernt, je schräger also das Licht durch die Objektivlinse oder auf den Spiegel fällt. Was weiter oben über die optischen Fehler von Kamera-Objektiven geschrieben wurde, gilt im Prinzip auch für Fernrohr-Objektive. Einige Fehler, zum Beispiel Bildfeldwölbungen und Verzeichnung, sind hier jedoch wegen der großen Brennweite ohne Bedeutung. Die Fehler, die durch schräg zur optischen Achse einfallendes Licht verursacht werden, zum Beispiel Koma, können leicht entstehen, wenn das Objektiv nicht genau justiert ist (wenn es schief im Tubus sitzt). Der Öffnungsfehler jedoch, die sphärische Aberration, macht sich bei großen Objektiven bemerkbar. Viele große Teleskope liefern nur in einem recht engen Bereich um die optische Achse 21

14

15

Abb. 14: Hier wird gezeigt, wie die Foto-Kamera zur Nachführung an die Gegengewichtsstange des Teleskops angebracht werden kann. Das Gegengewicht wird so eingestellt, daß das Teleskop bei Bewegung der Stundenachse immer im Gleichgewicht bleibt.

Abb. 15: Für Langzeitbelichtungen wurde die Foto-Kamera – hier eine Canon EF – zur korrekten Nachführung mit eigenem Objektiv auf dem Teleskop befestigt.

herum ein scharfes Bild. Auch der große Spiegel auf dem Mt. Palomar mit seinen 5 m Durchmesser liefert ein scharfes Bild mit einem Durchmesser von nur 5 Bogenminuten. Wollte man mit ihm eine Himmelsdurchmusterung machen, so würde das mehrere tausend Jahre beanspruchen.

Eine Möglichkeit, das Bildfeld eines Teleskops zu erweitern, bietet eine zusätzliche Linse im Strahlengang kurz vor dem Brennpunkt. Nach ihrem Erfinder wird sie Shapley-Linse genannt, ihrer Wirkung entsprechend heißt sie auch Telekompressor, denn die Brennweite wird auf die Hälfte reduziert. Das bedeutet aber auch ein vergrößertes Öffnungsverhältnis. Ein geläufiges Öffnungsver-

16

17

hältnis für Amateurgeräte ist 1:10. Mit Telekompressor wird daraus 1:5, also eine weitaus höhere Lichtstärke und damit hellere Bilder!

Bei Kameras läßt sich der Telekompressor zwischen Objektiv und Kameragehäuse einsetzen, ähnlich wie ein Konverter. Während ein Konverter die Brennweite verdoppelt und damit die Lichtstärke auf ein Viertel reduziert (vierfache Belichtungszeit), verkürzt ein Telekompressor die Brennweite auf die Hälfte und ermöglicht damit ein Viertel der Belichtungszeit.

Einige Firmen, zum Beispiel Celestron, bieten Telekompressoren an, die in den Kamera-Adapter oder den Okular-Auszug eingesetzt werden.

Abb. 16: Soll das Teleskop direkt als Objektiv verwendet werden, wird die Kamera mit einem Adapter an den Okular-Ausgang des Instruments angesetzt.

Abb. 17: Wenn längere Brennweiten erreicht werden sollen, muß ein vergrößerndes Okular zwischen Teleskop-Einblick und Kamera eingesetzt werden. Zur Verbesserung der Bildqualität am Bildfeldrand wird der Abstand Okular/Kamera mit Tuben bzw. Zwischenringen, wie sie aus der Makrofotografie bekannt sind, zusätzlich verlängert.

18

Abb. 18: Mit einer Schmidt-Kamera lassen sich auch sehr schöne Farbaufnahmen herstellen. Für diese Aufnahme mit einer 5,5"-Celestron-Schmidt-Kamera beträgt die Belichtungszeit 10 bis 15 Min. auf einem hochempfindlichen Diafilm. Hier wird gezeigt M 8 und M 20 im Sternbild Schütze.

Im Jahre 1931 machte der Hamburger Astronom Bernhard Schmidt eine für die Astrofotografie unerhört wichtige Erfindung: in den Krümmungsmittelpunkt eines sphärischen Hauptspiegels setzte er eine „Korrektionsplatte", eine „Linse", die in der Mitte konvex ist und bei halbem Radius in eine konkave Form übergeht. Sie bringt das auf den Spiegel fallende Licht in eine „Form", in der alle Fehler auch bei sehr schräg zur optischen Achse einfallenden Lichtstrahlen gerade kompensiert werden.

Diese sogenannte „Schmidt-Kamera" könnte man ein Weitwinkel-Fernrohr nennen. Mit ihm lassen sich Sternfelder bis zu den Bildrändern hin scharf abbilden und fotografieren, die mehrere Grad Durchmesser haben. Bei der Angabe der Öffnung von Schmidt-Spiegeln werden immer zwei Zahlen angegeben, der Durchmesser der Korrektionsplatte (freie Öffnung) und der Spiegeldurchmesser, der stets größer ist. Die größte Schmidt-Kamera der Welt besitzt das Karl-Schwarzschild-Observatorium Tautenburg in der DDR. Die Korrektionsplatte hat 134 cm, der Hauptspiegel 200 cm Durchmesser. Die Feldgröße beträgt 3,4 mal 3,4 Grad. Der zweitgrößte ist der „Big Schmidt" auf dem Mt. Palomar: Korrektionsplatte 122 cm, Spiegel 183 cm Durchmesser. Die größte Schmidt-Kamera der Bundesrepublik gehört der Sternwarte Hamburg-Bergedorf (80/120 cm, 5,5x5,5°). Dieses Teleskop wird demnächst nach Südspanien transportiert, wo es das Instrumentarium des Deutsch-Spanischen Astronomischen Zentrums des Max-Planck-Instituts für Astronomie auf dem Calar Alto vervollständigen wird. Auch für den Amateurastronomen liegt eine Schmidt-Kamera im Bereich des Möglichen, sie wird von einigen Firmen angeboten, zum Beispiel die Celestron-Schmidt-Kameras mit 14 oder 20 cm Spiegel-Durchmesser.

Astro-Fernrohre

Einige Grundbegriffe

Seit der Erfindung des Fernrohrs durch den holländischen Optiker Hans Lippershey in Middelburg hat sich an der grundlegenden Konzeption dieses optischen Hilfsinstrumentes wenig geändert. Es dient dazu, dem Betrachter weit entfernte Objekte „näher zu bringen" – zumindest ist dies beim alltäglichen Einsatz die Hauptaufgabe eines uns allen bekannten Fernglases. Naturbeobachter und Jäger wissen aber auch noch eine andere Fähigkeit des Fernglases – heute auch Feldstecher genannt – zu schätzen: seine lichtsammelnde Wirkung. Die erlaubt es ihnen, daß sie auch in der Dämmerung ihren Tätigkeiten nachgehen können.

Diese zweite Eigenschaft ist es, die das spezielle Fernrohr für die Himmelsbeobachtung so interessant und unentbehrlich macht. Die vergrößernde Wirkung kommt nur bei den näheren Himmelsobjekten wie Sonne, Mond und Planeten als erfreuliche Beigabe zum Tragen. Bei den weit entfernten Fixsternen vermag selbst das größte Teleskop der Erde, der 6-Meter-Spiegel des sowjetischen Astrophysikalischen Observatoriums im Kaukasus, keine Oberflächeneinzelheiten mehr zu erkennen. Die lichtsammelnde Wirkung macht ein Fernrohr zu einer Art „Lichttrichter", mit dessen Hilfe man auch Objekte am Himmel beobachten kann, die dem „unbewaffneten" Auge verborgen bleiben. Der Grund ist einleuchtend: damit das Auge überhaupt einen Lichtreiz wahrnehmen kann, muß eine bestimmte Menge Licht auf die Netzhaut treffen. Wenn der Lichtstrom allerdings zu schwach ist, um wahrgenommen zu werden, muß man eben eine größere Auffangfläche einsetzen und die Lichtausbeute gebündelt ins Auge lenken.

Dabei ist unser Sehorgan schon ein recht empfindlicher Empfänger. Hat es sich erst einmal an die Dunkelheit gewöhnt (während dieser sogenannten „Adaptionsphase" weitet sich der Pupillendurchmesser auf 6 bis 7 mm), dann reicht diese Sehleistung für die Wahrnehmung von rund 5000 Sternen aus.

Aber schon ein normales Fernglas zeigt viel mehr Sterne, weil mit der im Vergleich zum Pupillendurchmesser deutlich größeren Frontlinse ein größerer Teil aus dem ankommenden Lichtstrom aufgefangen und ins Auge geleitet wird. Lichtschwache Objekte, wie weit entfernte Sterne oder auch Gasnebel zwischen den Sternen, ja selbst ferne Milchstraßen, werden so sichtbar.

Das Prinzip auch eines Fernrohres ist also, daß es die ankommenden Lichtstrahlen bündelt und dabei ihre Anordnung zueinander möglichst unverändert läßt. Die Bündelung der Lichtstrahlen erfolgt entweder durch Linsen (Linsenfernrohr, Refraktor) oder durch Spiegel (Spiegelteleskop, Reflektor).

Bei Linsenfernrohren nutzt man die Brechungseigenschaften des Glases. Fällt ein Lichtstrahl in einem Winkel auf eine Glasoberfläche, so wird er von seiner ursprünglichen Bahn abgelenkt, und zwar um so deutlicher, je größer der Einfallswinkel ist. Sammellinsen haben daher eine konvexe (nach außen gekrümmte) Oberfläche, so daß Lichtstrahlen, die am Rande auffallen, stärker zur Mitte abgelenkt werden als achsennahe Strahlen. Sammellinsen sind also so ausgelegt, daß sie achsenparallel einfallendes Licht im Brennpunkt sammeln.

Gleiches gilt für Sammelspiegel. Auch hier gilt das Prinzip „Einfallswinkel gleich Ausfallswinkel". Um achsenparallel einfallendes Licht im Brennpunkt zu sammeln, muß ein Sammelspiegel aber (im Gegensatz zur Sammellinse) konkav (nach innen gekrümmt) sein – man nennt daher einen Sammelspiegel auch Hohlspiegel.

Das optische Leistungsvermögen einer Linse oder eines Spiegels wird durch zwei Faktoren gekennzeichnet, den Durchmesser und die Brennweite (den Abstand des Brennpunkts von der Linsen- bzw. Spiegelmitte). Der Durchmesser ist zum einen maßgebend für die lichtsammelnde Wirkung, zum andern – wie wir noch sehen werden – für die Trennschärfe, das Auflösungsvermögen. Die Brennweite dagegen beeinflußt die Stärke der Vergrößerung.

Linsenfernrohre (Refraktoren) werden in der Regel langbrennweitig hergestellt, Spiegelteleskope (Reflektoren) meist mit vergleichsweise kurzer Brennweite. Je kürzer die Brennweite, desto größer ist bei gleichem Durchmesser das sogenannte Öffnungsverhältnis, der Quotient aus Durchmesser und Brennweite, und desto licht-

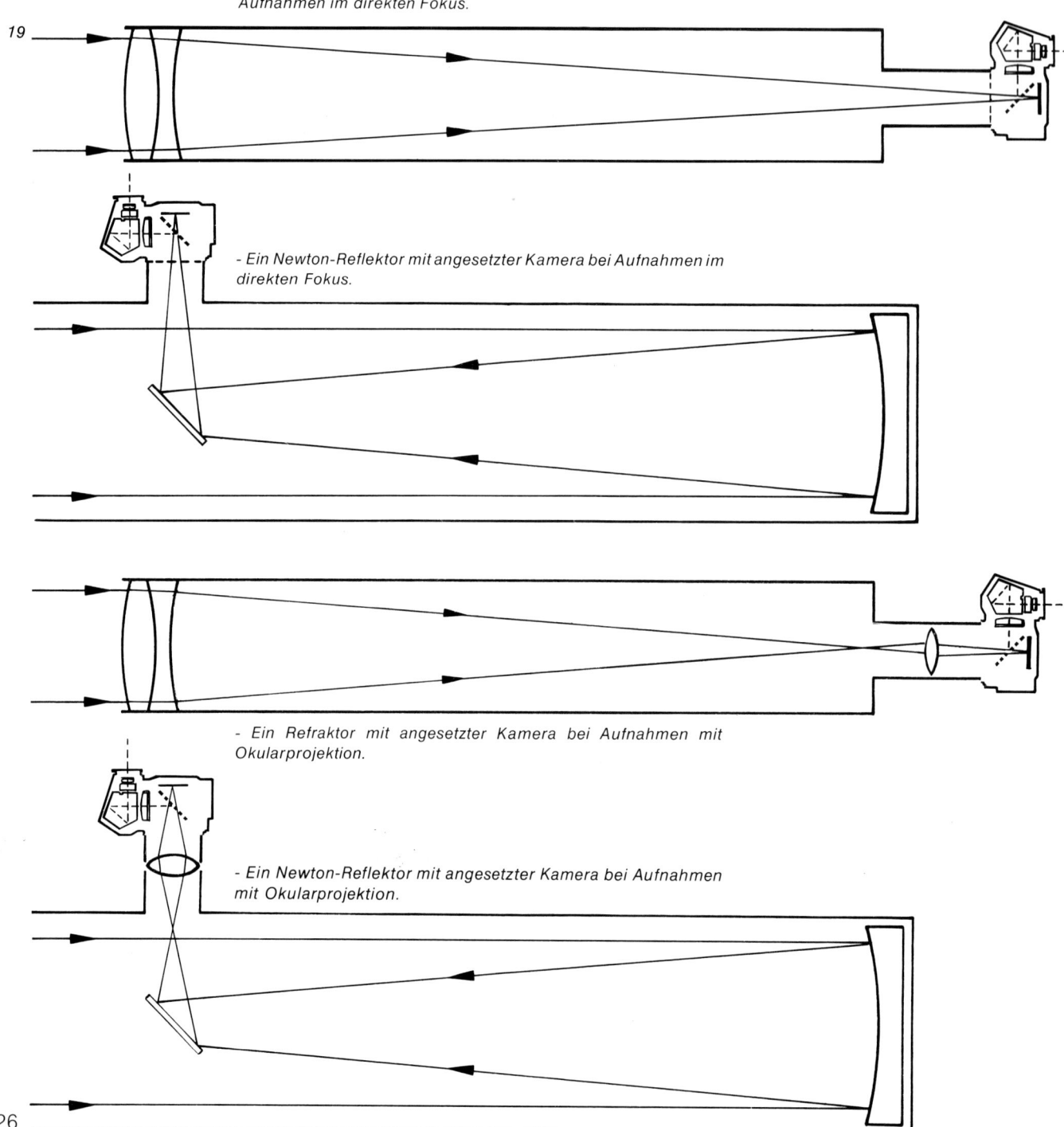

Abb. 19:
- Ein zweilinsiger Refraktor mit angesetzter Kamera bei Aufnahmen im direkten Fokus.

- Ein Newton-Reflektor mit angesetzter Kamera bei Aufnahmen im direkten Fokus.

- Ein Refraktor mit angesetzter Kamera bei Aufnahmen mit Okularprojektion.

- Ein Newton-Reflektor mit angesetzter Kamera bei Aufnahmen mit Okularprojektion.

stärker ist das Fernrohr. Spiegelteleskope eignen sich daher gut zur Beobachtung lichtschwacher Objekte, wie etwa Gasnebel, Sternenhaufen oder Milchstraßen. Wer dagegen auf Mond und Planeten viele Einzelheiten erkennen möchte, setzt besser ein Linsenfernrohr ein.

Die Montierung des Fernrohres

Schon wer mit einem Fernglas aus der freien Hand die Landschaft betrachtet, wird eine starke Bildunruhe beobachten, ausgelöst durch das mitvergrößerte Zittern der Hände und Arme. Was aber bei acht- oder zehnfacher Vergrößerung möglicherweise noch wenig stört, macht ein Fernrohr mit vielleicht hundertfacher Vergrößerung praktisch unbrauchbar. Nicht einmal ein Aufstützen der Arme auf eine Mauer reicht hier aus, um eine schwingungsfreie Beobachtung zu gewährleisten: das Fernrohr muß auf ein Stativ montiert werden, das so stabil sein sollte, daß es nicht schon bei der leisesten Erschütterung zu Schwingungen kommt.

Doch jetzt zeigt sich ein anderes Handikap. Wenn das feststehende Fernrohr auf einen bestimmten Punkt am Himmel ausgerichtet ist, sieht man schon bald, daß das fixierte Objekt – der Mond, ein Stern oder auch ein Planet – ziemlich rasch aus dem Gesichtsfeld wandert. Die Drehung der Erde wird nämlich beim Blick durch ein Fernrohr mit zunehmender Vergrößerung immer deutlicher sichtbar, und so kommt es, da der Beobachter fest am gleichen Ort auf der Erde steht, zur scheinbaren Himmelsdrehung.

Will man ein Objekt längere Zeit beobachten, muß das Fernrohr dieser scheinbaren Himmelsdrehung nachgeführt werden, elektrisch oder auch von Hand. Das Stativ muß eine veränderbare Ausrichtung des Fernrohres zulassen, so daß man jeden Punkt am Himmel „erreichen" kann. Dies ist auf zwei verschiedene Weisen durchführbar. Jedesmal gehört dazu ein Achsenkreuz mit zwei aufeinander senkrecht stehenden Drehachsen.

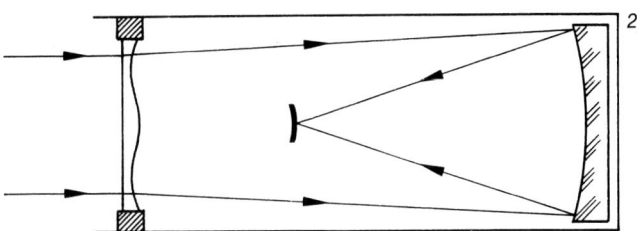

Abb. 20: Schematische Darstellung einer Schmidt-Kamera.

Abb. 21: Ein Celestron 8 mit angesetzter Kamera für Aufnahmen im direkten Fokus mit Telekompressor. Nachgetuhrt wird mit einem Off-Axis-System. Mit dieser Anordnung wurde Abb. 87 gemacht.

27

Azimutal-Montierung

Wenn eine der beiden Achsen einen Horizontalschwenk, die dazu senkrecht stehende Achse einen Vertikalschwenk erlaubt, dann spricht man von einer Azimutal-Montierung des Fernrohres. Die Horizontalrichtung wird nämlich durch den sogenannten Azimutwinkel gekennzeichnet, der von Süden über Westen, Norden und Osten gezählt wird. Da die Sterne in unseren Breiten aber weder senkrecht zum Horizont noch parallel dazu über die Himmelssphäre ziehen, ist eine Azimutal-Montierung für astronomische Beobachtungen und auch für die Astrofotografie nicht besonders gut geeignet; die Nachführung erfordert eine stetige Veränderung beider Achsenstellungen, die noch dazu mit wechselnder Geschwindigkeit erfolgen muß.

Parallaktische Montierung

Besser geeignet ist die sogenannte parallaktische Montierung, bei der eine der beiden Achsen, die sogenannte Stundenachse, parallel zur Erdachse ausgerichtet ist und somit genau auf den Himmelsnordpol zeigt. Sie wird daher auch oft als Polachse bezeichnet. Mit Hilfe der Stundenachse und der Deklinationsachse kann das Fernrohr auf jeden beliebigen Punkt am Himmel ausgerichtet werden. Dabei werden mit der Stundenachse Bewegungen parallel zum Himmelsäquator, mit der Deklinationsachse Bewegungen parallel zu den Längengraden der Erde ausgeführt. Bewegt man nun die Stundenachse mit der Winkelgeschwindigkeit der Erde entgegengesetzt zur Erddrehung, wird die durch die Erddrehung hervorgerufene scheinbare Bewegung der Sterne aufgehoben.

Diese Nachführung erfolgt bei den meisten Fernrohren durch einen elektrisch betriebenen Synchronmotor. Oft haben diese Motoren nicht die exakt richtige Geschwindigkeit. In diesem Fall benötigt man einen Frequenzwandler, mit dem sich die Geschwindigkeit stufenlos einstellen und auch während des Nachführvorganges noch korrigieren läßt. Bei langen Belichtungszeiten kann man auf ein solches Gerät fast nicht verzichten.

Fast ebenso wichtig wie eine präzise Nachführung ist die stabile Aufstellung des Achsenkreuzes. Gerade hier versagen die ,,Fernrohre von der Stange" oft. Wer einen festen Beobachtungsplatz hat, braucht auf feste Unterlage (eine Zementsäule oder ein dickes Metallrohr) nicht zu verzichten. Wer dagegen sein Fernrohr immer erst in den Kofferraum des Autos packen und zu einem günstigen Beobachtungsort fahren muß, sollte sich zumindest ein Dreibeinstativ aus massiven Vierkanthölzern bauen.

Die Aufstellung von Fernrohr und Kamera

Wenn man Astroaufnahmen länger als ein paar Sekunden belichten will, muß man auch die Kamera der scheinbaren Himmelsdrehung nachführen, und zwar um so genauer, je länger die Brennweite des benutzten Objektivs, und desto größer damit der Abbildungsmaßstab, ist (siehe Kapitel ,,Nachführtechniken").

Bei den vorher beschriebenen Sternfeldaufnahmen, die mit einer Standardoptik gemacht werden, kommt es nicht so sehr auf eine exakte Aufstellung des Fernrohrs an, wie bei Verwendung eines langbrennweitigen Teleobjektivs an der Kamera oder gar bei Aufnahmen durch das Fernrohr. Es ist also sinnvoll, sich vor Beginn der Aufnahmen zu überlegen, welchen Genauigkeitsanspruch man stellt, denn davon abhängig ist der Aufwand, den man in der Vorbereitungsphase betreiben muß.

Grundlage für ein genaues Nachführen der Kamera oder des Fernrohres ist eine möglichst exakte Ausrichtung der Stundenachse auf den Himmelspol. Nun steht bekanntlich nahe dem nördlichen Himmelspol der Polarstern, fällt aber, wie unsere Polaufnahme bereits gezeigt hat, nicht genau mit diesem zusammen. Derzeit, das heißt zu Beginn der achtziger Jahre, steht Polaris etwa 50 Bogenminuten vom wahren Himmelspol entfernt, und in den nächsten Jahrzehnten wird sich dieser Abstand noch weiter verringern, bis die Distanz zu Beginn des 22. Jahrhunderts auf weniger als ein halbes Grad (das ist weniger als der scheinbare Vollmonddurchmesser!) gesunken sein wird. Diese Polwanderung ist die Folge einer Kreiselbewegung der Erdachse, die man Präzession nennt und die u. a. durch die Einwirkung der Sonnen- und Mondschwerkraft auf den abgeplatteten, schiefrotierenden Erdkörper hervorgerufen wird.

Wenn wir also die Stundenachse „nur" auf den Polarstern richten, anstatt sie genau auf den Himmelspol zu justieren, nehmen wir eine Abweichung von etwa 50 Bogenminuten in Kauf. Überlassen wird eine derart ungenaue Nachführung während der Belichtungszeit sich selbst, dann werden sich die Sterne auf dem Film allmählich zu Strichspuren auseinanderziehen.

Zwar wird man bei Langzeitaufnahmen mit der am Fernrohr montierten Kamera ohnehin immer wieder ins Kontrollokular des Fernrohres blicken, um zu sehen, ob der sogenannte Leitstern noch im Fadenkreuz steht (vergl. Kapitel „Nachführtechniken"), und wenn er herauswandert durch leichtes Korrigieren der Fernrohrbewegung zumindest diesen Stern an seinem Platz halten. Die „Mißweisung" der Stundenachse gegenüber dem Himmelsnordpol führt dann aber zu einer Art Bildfelddrehung um diesen Leitstern, so daß die randnahen Objekte auf dem Film zu kleinen Kreisbögen verzerrt werden, ähnlich wie die Sterne bei der Polaufnahme mit ruhender Kamera. Die maximale Abweichung von der „Sollposition" auf dem Film kann natürlich nicht größer sein als die Mißweisung der Polachse – in diesem Fall also rund 50 Bogenminuten, doch das ist selbst für Aufnahmen mit Normalobjektiv zu viel. Allerdings macht sie sich in voller Stärke erst bei wirklichen Langzeitaufnahmen von einer Stunde und mehr bemerkbar; für kurzbelichtete Aufnahmen wird man das „Abwandern" tolerieren können. Wer auch bei transportabler Aufstellung auf eine genauere Ausrichtung der Stundenachse nicht verzichten möchte, kann dies mit relativ wenig Zeitaufwand erreichen. Dann braucht man am Fernrohr allerdings die Möglichkeit, mit sogenannten Teilkreisen die Richtung des Fernrohres nach Koordinaten einzustellen. Hat man den Stundenwinkel und Deklination (siehe Kapitel „Koordi-

naten") des Polarsterns ausgerechnet und auf den Teilkreisen eingestellt, so genügt es, die Fernrohrmontierung so lange zu verstellen, bis der Polarstern genau im Mittelpunkt des Gesichtsfeldes steht (horizontale, d. h. waagerechte Lage der Drehplatte vorausgesetzt).

Auch bei der vorher beschriebenen Ausrichtung der Stundenachse auf den Polarstern sind Teilkreise nützlich, aber nicht unbedingt erforderlich, weil man das Fernrohr ja auch nach Augenmaß parallel zur Stundenachse einstellen kann.

Nachführtechniken

Die Frage der Nachführtechnik ist immer eine Frage der erforderlichen Genauigkeit: wer eine Himmelsaufnahme mit vorgeschaltetem Astro-Fernrohr als Teleoptik macht, muß aufgrund des großen Abbildungsmaßstabes viel exakter nachführen als jemand, der mit einem Normal- oder gar Weitwinkelobjektiv an der Kamera ein Sternfeld fotografiert.

Natürlich wird man bemüht sein, möglichst unverzerrte Sternbildchen auf den Film zu bekommen. Geht man davon aus, daß selbst die schwächsten noch abgebildeten Sternchen, bedingt durch die Beugung, auf dem Film einen Durchmesser von rund 0,03 mm haben und die Abweichung 10 % nicht übersteigen soll, dann kann man sich über die Formel

$$(1) \qquad \frac{\Delta\varrho}{360°} = \frac{0,003 \text{ mm}}{2\pi \cdot f_k}$$

$\Delta\varrho$ = maximale Winkelabweichung
f_k = Brennweite des Kameraobjektivs in mm

ausrechnen, wie groß die maximale Winkelabweichung der optischen Achse des Aufnahmesystems von der „Soll-Position" sein darf.
Stellt man die gleiche Überlegung dann in umgekehrter Richtung für das Leitfernrohr auf, so erhält man für die erlaubte Auslenkung des Sternbildchens im Brennpunkt des Leitrohres die Beziehung   29

(2) $$\Delta x_L = 0{,}003 \cdot \frac{f_L}{f_k} \; mm$$

Δx_L = maximal zulässige Auslenkung des Sterns im Leitrohr

f_L = Brennweite des Leitfernrohres

f_k = Brennweite des Kameraobjektivs

Bei einem Fernrohr mit 1250 mm Brennweite und einer Fotokamera mit 180-mm-Tele-Objektiv beträgt die lineare Abweichung somit etwa 0,02 mm.

Will man auf derart kleine Schwankungen der Sternposition im Kontrollokular reagieren können, braucht man zumindest ein einfaches Fadenkreuzokular: ein Leitstern wird genau auf den Mittelpunkt des Fadenkreuzes ausgerichtet, und während der Nachführung wird es so möglich, den Stern immer relativ genau auf dem gleichen Punkt zu halten. Noch besser ist ein Doppelfadenkreuzokular, dessen Fadenpaare um die oben errechneten 0,02 mm voneinander getrennt sind. Dieses Fadenkreuz sollte im Okular so vergrößert werden, daß die beiden Linien deutlich getrennt erscheinen, etwa so wie zwei Linien im Abstand von 1 mm aus 25 cm Entfernung. Die Rechnung zeigt, daß das Kontrollokular eine Brennweite von

(3) $$f = 250 \cdot \Delta x_L$$

Δx_L = maximale Auslenkung des Sterns im Leitrohr in mm

f = Brennweite des Kontrollokulars

in unserem Beispiel also 5 mm haben muß.

Das sind starke Anforderungen, selbst bei diesem noch recht großzügigen Verhältnis zwischen Fernrohrbrennweite und der Brennweite des Kameraobjektivs. Je geringer der Unterschied wird, desto näher müssen die Doppelfäden des Fadenkreuzes zusammenrücken und desto kleiner muß die Brennweite des Kontrollokulars werden. Damit steigen aber auch die Kosten für das Fadenkreuz.

Es gibt verschiedene Auswege aus dieser Situation. Entweder läßt man eine größere Abweichung als nur 10 % zu, nimmt also eine leicht elliptische Abbildung der Sterne in Kauf (vergl. Abb. 22), oder man versucht, sich ein solches Doppelfadenkreuz selbst herzustellen.

Dazu braucht man einen sehr feinkörnigen Diafilm (bei einem Negativfilm wird eine Umkopierung notwendig, die aber auch kontraststeigernd sein kann) und eine Vorlage, zum Beispiel ein Plexiglas-Lineal mit Millimetereinteilung oder ein gezeichnetes Doppelkreuz. Sollen zwei Linien, die im Abstand von 1 mm verlaufen, in der Abbildung nur noch 0,02 mm voneinander entfernt sein, dann muß der Aufnahmeabstand (bei einer Objektivbrennweite von 50 mm bei Kleinbildformat) 2,5 m betragen. Je feinkörniger der Film, desto mehr Linien pro Millimeter kann er auflösen und desto enger dürfen die „Fäden" des Doppelfadenkreuzes zusammenrücken. Bei einem Auflösungsvermögen von 200 Linien pro Millimeter wäre es also möglich, ein Fadenkreuz mit 0,005 mm Fadenabstand zu erstellen. Damit dürfte die Kamerabrennweite dann bis auf 60 % der Leitrohrbrennweite anwachsen (vgl. Tabelle 1). Ein Blick auf Tabelle 2 zeigt aber, daß man dazu bereits ein Kontrollokular mit nur 1,25 mm Brennweite bräuchte. Aus Gründen, die jeder beim Blick durch ein Astro-Fernrohr mit kurzbrennweitigem Okular verstehen wird, sollte die Brennweite des Okulars — selbst für Nachführzwecke — 4 bis 5 mm nicht unterschreiten. Mit anderen Worten: das Verhältnis Kamerabrennweite zu Brennweite des Leitfernrohres sollte kleiner als 1:5 bleiben (solange man hohe Anforderungen an die Form der Sternbildchen stellt).

Das Fadenkreuz muß so angebracht sein, daß es im Okular scharf gesehen wird, also in der Brennebene des Okulars. Bei Huygens-Okularen gibt es da Schwierigkeiten, denn die „scharfe Stelle" für das Fadenkreuz liegt zwischen der Feld- und der Augenlinse. Man könnte das Fadenkreuz in eine entsprechende Hülse einbauen, die man — bei abgeschraubter Feldlinse — in den Okulartubus einschiebt.

Viel einfacher ist es jedoch, für das Fadenkreuz ein Kellnersches oder ein anderes Okular zu benutzen, wo die

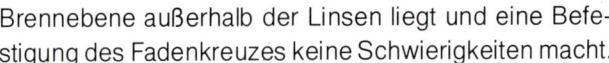

Brennebene außerhalb der Linsen liegt und eine Befestigung des Fadenkreuzes keine Schwierigkeiten macht.

Soll das Astro-Fernrohr selbst als Tele-Optik dienen, werden an die Nachführ-Genauigkeit enorme Anforderungen gestellt. Zwar werden sogenannte Off-Axis-Guidings angeboten, bei denen ein randnaher Strahl aus dem Fernrohr ausgeblendet und in ein Kontrollokular gelenkt wird, doch zeigt die Rechnung, daß man dann zur exakten Nachführung ein Doppelfadenkreuz mit einem Abstand der Fäden von 0,003 mm und damit ein Kontrollokular von 0,75 mm Brennweite benötigen würde.

Abb. 22: Orionnebel und Pferdekopfnebel sind auf dieser Aufnahme deutlich zu erkennen. Es wurde 30 Min. mit einem 4,5/230-mm-Objektiv und Orangefilter auf Kodak 103 aE belichtet. Die Nachführung war noch nicht exakt genug, die Sterne sind leicht verwackelt.

Abb. 23: Eine exakt nachgeführte Aufnahme des gleichen Gebietes mit einer 5,5″-Schmidt-Kamera, bei etwa 10 Min. Belichtungszeit auf hochempfindlichem Diafilm.

Abb. 24: Auf dieser Aufnahme des Sternbildes Fuhrmann sind die offenen Sternhaufen M 36, M 37 und M 38 zu erkennen. Es wurde 5 Min. mit einem 1,4/55-mm-Objektiv auf GAF D 500 belichtet.

Tabelle 1: Fadenabstand des Doppelfadenkreuzes in Abhängigkeit von Kamera- und Leitfernrohrbrennweite (in Millimeter)

f_K (mm) \ f_L (mm)	500	910	1250	2000
50	0,03	0,055	0,075	0,12
100	0,015	0,027	0,038	0,06
135	0,01	0,02	0,028	0,04
180	0,008	0,015	0,02	0,03
240	0,006	0,01	0,016	0,025
400	—	0,007	0,009	0,015
800	—	—	0,005	0,007
1000	—	—	—	0,006

Aufnahmen mit dem Astro-Fernrohr als Teleobjektiv bieten sich also nur bei relativ kurzen Belichtungen an, damit die Wahrscheinlichkeit des „Herauslaufens" aus der Sollposition klein bleibt.

Es versteht sich von selbst, daß man bei diesen Genauigkeitsanforderungen die Nachführung nicht mehr von Hand betreiben kann. Man muß vielmehr auf eine elektrische Nachführung zurückgreifen und die Möglichkeit einer Feinjustierung einbeziehen, das heißt die Drehgeschwindigkeit des Nachführmotors über einen Frequenzwandler steuern können.

Tabelle 2: Erforderliche Okularbrennweite für deutliches Erkennen des Doppelfadenkreuzes

Fadenabstand	0,12	0,05	0,02	0,01	0,006	0,005
f_{Ok} (mm)	30	12,5	5,00	2,5	1,50	1,25

Die Reichweite von Astro-Aufnahmen

Sterne sind keine Filmleuchten. Man kann also nicht erwarten, mit Kurzzeit-Belichtungen sehr viel auf den Film zu bannen. Andererseits ist es nicht empfehlenswert, eine Himmelsaufnahme beliebig lange zu belichten. Abgesehen davon, daß eine exakte Nachführung bei wachsender Belichtungsdauer immer schwieriger wird, kommt man auch bei noch so langen Belichtungszeiten über eine minimale Sternhelligkeit nicht hinaus. Diese minimale Sternhelligkeit ist gewissermaßen die Grenze, die mit einer vorgegebenen Kamera-Ausrüstung nicht überschritten werden kann. Zu ihrer Ableitung müssen wir ein paar theoretische Kenntnisse einbringen.

Das Kamera-Objektiv bildet eine Art „Lichttrichter", der das ankommende Licht eines Sternes möglichst punktförmig auf den Film abbilden soll. Eine exakt punktförmige Abbildung ist aber selbst mit den besten Objektiven nicht möglich, weil die Natur des Lichtes dem entgegen steht. Wir müssen uns das Licht in diesem Zusammenhang als Wellenerscheinung vorstellen, und Wellen werden, wenn sie an einer Kante entlanglaufen, von ihrer geraden Richtung abgelenkt; sie werden „gebeugt". Diese Beugungserscheinung am Objektivrand führt dazu, daß ein Sternbildchen immer einen Durchmesser von mindestens 0,03 mm hat; es ist dies das sogenannte Beugungsscheibchen. Das ankommende Sternlicht wird also mindestens auf eine Fläche mit dem Durchmesser von 0,03 mm „verschmiert".

Will man das „Verstärkungsverhältnis" bestimmen, das ein Objektiv in diesem Fall hat, so braucht man nur die wirksame Öffnung des Objektivs als Fläche in Beziehung zu der Fläche dieses Beugungsscheibchens zu stellen: die wirksame Öffnung kann ja als Sammelfläche unseres „Lichttrichters" angesehen werden. Ein Normalobjektiv mit 50 mm Brennweite und einer Lichtstärke von 1:1,8 hat eine wirksame Öffnung mit 27,8 mm Durchmesser und damit eine wirksame „Fläche" von rund 600 mm². Das Beugungsscheibchen dagegen hat eine Fläche von nur ca. 0,0007 mm². Man erhält den Verstärkungsfaktor, wenn man die Fläche der wirksamen Öffnung durch die Fläche des Beugungsscheibchens dividiert:

$$(4) \qquad V = \frac{\frac{D^2}{4} \cdot \pi}{\frac{d^2}{4} \cdot \pi} = \frac{D^2}{d^2}$$

V = Verstärkungsfaktor
D = Durchmesser der wirksamen Öffnung beim Objektiv der Kamera bzw. Objektivdurchmesser beim Fernrohr
d = Durchmesser des Beugungsscheibchens

Der Verstärkungsfaktor liegt in unserem Fall bei 860.000! (Die Ableitung des Verstärkungsfaktors wird von nun ab immer in der vereinfachten Form $D^2 : d^2$ angegeben!) Damit ein Stern auf dem Film mit einer Empfindlichkeit von 25 ASA noch eine Schwärzung hinterläßt, bedarf es einer Belichtung von etwa 0,1 Luxsekunden, das heißt, ein Stern, der eine Beleuchtungsstärke von 0,1 Lux auf den Film bringt, müßte 1 Sekunde lang belichtet werden. Entsprechend kann man die Belichtungszeit ausrechnen, die – bei vorgegebenem Objektiv und verwendeter Filmempfindlichkeit – notwendig ist, um einen Stern einer bestimmten Größenklasse noch auf den Film zu bannen:

$$(5) \qquad t^p = \frac{0,1 \text{ lxsec} \cdot 25 \text{ ASA}}{I \cdot V \cdot E}$$

t^p = Belichtungszeit unter Berücksichtigung des Schwarzschildexponenten
I = Beleuchtungsstärke
V = Verstärkungsfaktor
E = Empfindlichkeit des verwendeten Films in ASA

Die Beleuchtungsstärke I eines Sternes kann man aus seiner Helligkeit in Größenklassen über die Beziehung

$$(6) \qquad I = 10^{-0,4m} \cdot 2,06 \cdot 10^{-6} \text{ lx}$$

m = Größenklasse

bestimmen. Dies ist die Umkehrung der Definitionsgleichung für die astronomische Größenklasse, nach der wir von einem Stern 1. Größe 2,512mal weniger Licht empfangen als von einem Stern nullter Größe, von einem Stern 2. Größe entsprechend weniger als von einem Stern 1. Größe, und so fort; dabei liefert ein Stern nullter Größe die Beleuchtungsstärke $2{,}06 \cdot 10^{-6}$ lx. Die so errechnete Belichtungszeit t^p ist aber noch nicht ausreichend. Wie die Hochzahl „p" schon andeutet, muß dieser Wert noch korrigiert werden. Grund dafür ist die Tatsache, daß Filme im Langzeitbereich bei doppelter Belichtungszeit nicht auch doppelte Schwärzung erfahren. Sie werden bei längeren Belichtungszeiten zusehends „langsamer" (vgl.: „Bestimmung des Schwarzschildexponenten").

Die folgenden Tabellen 4a/b sind für Schwarzschildexponenten von $p = 0{,}65$ und $p = 0{,}75$ berechnet; sie enthalten für einige ausgewählte Objektive die Belichtungszeiten, die notwendig sind, um die Sterne der angegebenen Größenklasse noch sichtbar auf den Film zu bannen.

Die Vorteile der hochempfindlichen Filme liegen auf der Hand. Da die Belichtungszeiten aufgrund der größeren Empfindlichkeit ohnehin kürzer sind, kann sich der Schwarzschildeffekt nicht so stark bemerkbar machen.

Man kommt also mit Belichtungszeiten aus, die deutlich kürzer ausfallen, als es das Verhältnis der Empfindlichkeiten erwarten ließe.

Eine Ausnahme bilden die spektroskopischen Filme von Kodak, die zwar eine vergleichsweise geringe Ausgangsempfindlichkeit haben, andererseits aber einen extrem günstigen Schwarzschild-Exponenten von etwa 0,9 aufweisen. Für die drei genannten Objektive ergeben sich mit diesen Filmen folgende Belichtungszeiten

Tabelle 3

Größenklasse	2,0/50	2,8/135	5,6/300
6	4^s	1^s	1^s
8	31^s	$7{,}5^s$	6^s
10	4^m	1^m	45^s
12	—	$7{,}5^m$	6^m
14	—	—	45^m

Allerdings sind diese Zeiten oft gar nicht voll ausschöpfbar, weil der Himmel zu hell ist und die Aufnahme „zulaufen" läßt. Man muß also daneben auch noch die Him-

Tabelle 4a: Notwendige Belichtungszeiten bei verschiedenen Objektiven (p = 0,65)

Objektiv	Größenklasse	50 ASA	100 ASA	200 ASA	400 ASA
2,0/50	6	28^s	10^s	$3{,}5^s$	1^s
	8	8^m	$2{,}8^m$	1^m	20^s
	10	$2{,}3^h$	47^m	16^m	$5{,}6^m$
2,8/135	6	4^s	$1{,}5^s$	1^s	1^s
	8	64^s	22^s	8^s	$2{,}6^s$
	10	18^m	$6{,}25^m$	130^s	45^s
	12	$5{,}2^h$	106^m	$36{,}5^m$	$12{,}5^m$
5,6/300	6	$2{,}7^s$	1^s	1^s	1^s
	8	46^s	16^s	$5{,}5^s$	2^s
	10	13^m	$4{,}5^m$	93^s	32^s
	12	$3{,}7^h$	77^m	26^m	9^m
	14	—	—	$7{,}5^h$	$2{,}6^h$

Tabelle 4b: Notwendige Belichtungszeiten bei verschiedenen Objektiven (p = 0,75)

Objektiv	Größenklasse	50 ASA	100 ASA	200 ASA	400 ASA
2,0/50	6	18^s	8^s	3^s	1^s
	8	$3{,}5^m$	$1{,}5^m$	33^s	13^s
	10	41^m	16^m	$6{,}5^m$	$2{,}5^m$
2,8/135	6	3^s	$1{,}5^s$	1^s	1^s
	8	36^s	15^s	6^s	$2{,}5^s$
	10	7^m	170^s	67^s	27^s
	12	83^m	33^m	13^m	5^m
5,6/300	6	2^s	1^s	1^s	1^s
	8	28^s	11^s	4^s	2^s
	10	$5{,}4^m$	130^s	51^s	20^s
	12	63^m	25^m	10^m	4^m
	14	$12{,}2^h$	$4{,}8^h$	115^m	46^m

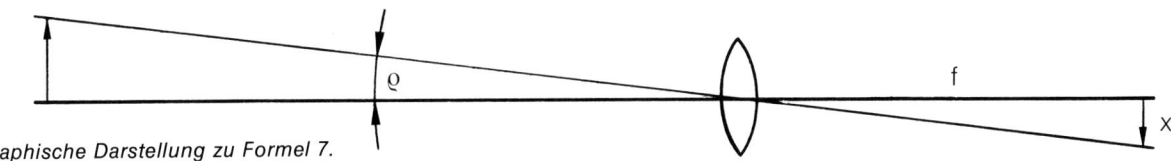

Graphische Darstellung zu Formel 7.

melshelligkeit berücksichtigen. Sie setzt der Reichweite eines Objektivs deutliche Grenzen.

Damit ein Stern vor dem Himmelshintergrund auf dem Film noch sichtbar bleibt, muß er den Film ebenso schwärzen wie der Himmelshintergrund selbst. Das heißt, die Lichtmenge, die das Objektiv von einem Stern in dessen Beugungsscheibchen sammelt, muß mindestens ebenso groß sein wie die Lichtmenge, die das Objektiv vom scheinbar dunklen Himmel auf die Umgebung des Beugungsscheibchens auf dem Film leitet. Die Flächenhelligkeit des ideal dunklen Nachthimmels wird in der Literatur allgemein mit 21. Größe pro Quadratbogensekunde angegeben; in SI-Einheiten entspricht das einer Beleuchtungsstärke von $I_H = 8{,}2 \cdot 10^{-15}$ Lux.

Will man ausrechnen, wieviel Licht vom Himmelshintergrund auf das Beugungsscheibchen „verschmiert" wird, so muß man zunächst bestimmen, wie groß die Himmelsfläche ist, die der Größe dieses Beugungsscheibchens entspricht. Die Größe des Feldes ist allein von der Brennweite des Objektivs abhängig.

Ein Objekt, das im Unendlichen unter einem Winkel von ϱ (Grad, Bogenminuten oder Bogensekunden) erscheint, wird von einem Objektiv der Brennweite f (in Millimeter) x Millimeter groß abgebildet; x errechnet sich aus dem 2. Strahlensatz (Skizze oben) zu

$$(7) \qquad x = \frac{2\pi \cdot f \cdot \varrho}{360°}$$

f = Objektivbrennweite
x = Durchmesser des Objektbildes auf dem Film
ϱ = Winkeldurchmesser des Objektes

Die Umkehrung dieser Gleichung führt zu

$$(8) \qquad \varrho = \frac{360°}{2\pi} \frac{x}{f}$$

(Die Größe $360°/2\pi$ taucht sehr oft auf; sie beträgt 57,3 Grad oder 3438 Bogenminuten oder 206265 Bogensekunden.)

Setzt man für x den Durchmesser des Beugungsscheibchens (0,03 mm) ein, so erhält man für den Durchmesser dieses Himmelsfeldes

$$(9) \qquad \varrho = \frac{6188}{f_k} \text{ Bogensekunden}$$

f_k = Brennweite des Kameraobjektivs in mm

Entsprechend ist die Fläche dieses Himmelsfeldes

$$(10) \quad F_{HB} = \left(\frac{6188}{2f_k}\right)^2 \cdot \pi \text{ Quadratbogensekunden}$$

Dieses Himmelsfeld hat demnach die „gesammelte Helligkeit" $F_{HB} \cdot I_H$. Rechnet man dies in Größenklassen um, so erhält man für die Flächenhelligkeit des Himmelshintergrundes in der Umgebung eines Beugungsscheibchens

$$(11) \quad m_{HB} = m_H - 2{,}5 \log \frac{I_{HB}}{I_H} = m_H - 2{,}5 \log F_{HB}$$

F_{HB} = Fläche des Himmelsfeldes in der Größe des Beugungsscheibchens
m_{HB} = Helligkeit (in Größenklassen) dieser Fläche
m_H = Helligkeit des Himmelshintergrundes
I = Beleuchtungsstärke

Die Tabelle 5 zeigt die Grenzhelligkeit in Abhängigkeit von der jeweiligen Objektivbrennweite. Man sollte aber nicht vergessen, daß es sich dabei um obere Grenzen handelt, da normalerweise der Himmel durch verschiedene Störquellen im Vergleich zu der genannten „idealen Dunkelheit" aufgehellt ist.

Diese Werte sind natürlich „Idealwerte", die in Wirklichkeit selten bzw. gar nicht erreicht werden können: zum einen hebt sich ein Stern der Grenzgrößenklasse definitionsgemäß nicht mehr vom Himmelshintergrund ab, zum anderen wird der Himmel durch Dunst und Staub 35

Tabelle 5

Brennweite (in mm)	Grenzreichweite (in Größenklassen)
50	10,8
100	12,3
135	13,0
180	13,6
240	14,2
300	14,7
400	15,3
500	15,8
1000	17,3
2000	18,8

Abb. 25: Bei dieser Aufnahme des Sternbilds Stier mit Hyaden und Plejaden wurde das 50-mm-Normal-Objektiv zur Verbesserung der Abbildungseigenschaften auf Bl. 5,6 abgeblendet. Die Belichtungszeit betrug 20 Min. auf GAF D 500.

Abb. 26: Orion. 1 Min. Belichtung ohne Nachführung auf Kodachrome 64, mit Normal-Objektiv bei Bl. 1,8. Die Sterne sind deutlich zu Strichen auseinandergezogen.

sowie irdisches Streulicht aufgehellt. Seit einiger Zeit werden zwar spezielle Filter angeboten, die das störende Streulicht irdischer Lichtquellen unterdrücken sollen, doch eignen sie sich nur für Aufnahmen von leuchtenden Gasnebeln, die im Licht diskreter Wellenlängen strahlen; bei Sternfeldaufnahmen führen sie zu unliebsamen spektralen „Verfälschungen", weil sie — anteilig — auch Sternenlicht ausfiltern. Mit ihnen ist jedoch bestenfalls eine Annäherung an die idealen Nachthimmelverhältnisse möglich. Innerhalb gewisser Grenzen kann man aber aus der realen Grenzhelligkeit die Himmelshelligkeit am jeweiligen Beobachtungsplatz ableiten. (Vgl.: „Sternhelligkeiten aus einer Himmelsaufnahme")

Bestimmung des Schwarzschild-Exponenten

Man kann aus einer Serie von Aufnahmen der gleichen Himmelsgegend mit wachsender Belichtungszeit auch den Schwarzschild-Exponenten bestimmen, wenn man die jeweilige Grenzgröße der einzelnen Aufnahmen ermittelt und in Relation zur Belichtungszeit stellt: die Abbildungen a—e zeigen eine solche Aufnahmereihe von den Plejaden. Die Belichtungszeit wurde von Bild zu Bild jeweils verdoppelt, von einer Minute (a) auf 16 Minuten (e). Die Grenzgrößenklassen der einzelnen Fotos zeigt Tabelle 6.

26

Tabelle 6

Belichtungszeit (Min)	1	2	4	8	16
Grenzgrößenklasse	8.95	9.44	10.12	10.75	11.47
Beleuchtungsstärke (in 10^{-11} lux)	54,2	34,5	18,4	10,3	5,32

Die für eine eben noch erkennbare Belichtung ausreichenden Beleuchtungsstärken der Bilder (a) und (e) unterscheiden sich um den Faktor 10,188, während die Belichtungszeit bei (e) 16mal größer ist als bei (a). Setzt man beide Größen ins Verhältnis zueinander, so erhält man aus der Gleichung

(12) $$I_a t_a^p = I_e t_e^p$$

die Beziehung

(13) $$\frac{I_a}{I_e} = \left(\frac{t_e}{t_a}\right)^p$$

oder mit Zahlenwerten

(14) $$10,188 = 16^p.$$

I_a = Beleuchtungsstärke des Bildes a
t_a = Belichtungszeit des Bildes a
I_e = Beleuchtungsstärke des Bildes e
t_e = Belichtungszeit des Bildes e
p = Schwarzschild-Exponent

Löst man diese Gleichung nach p auf, so lautet das Ergebnis:

(15) $$p = \frac{\log 10,188}{\log 16} = 0{,}837$$

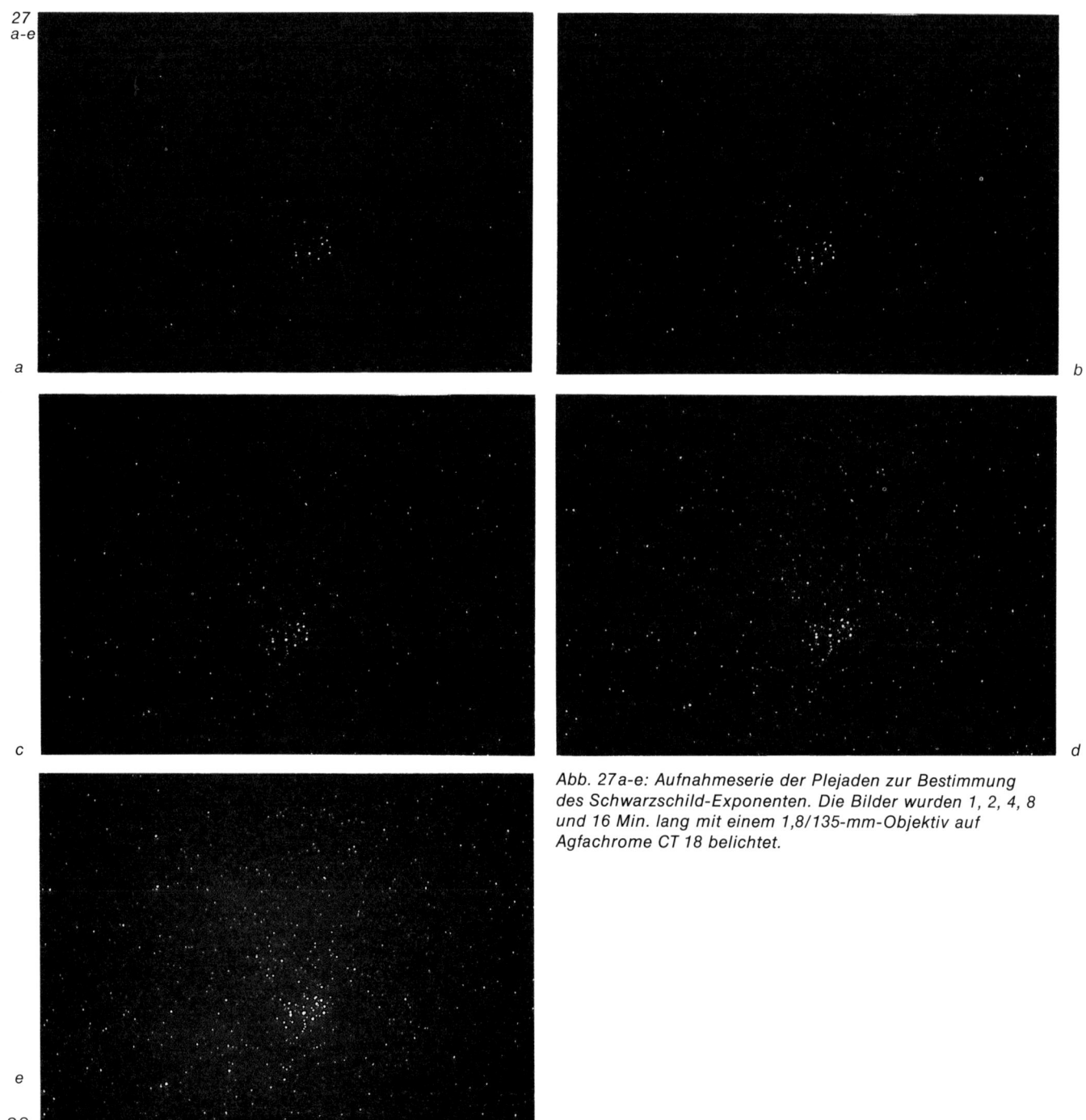

27
a-e

a

b

c

d

Abb. 27a-e: Aufnahmeserie der Plejaden zur Bestimmung des Schwarzschild-Exponenten. Die Bilder wurden 1, 2, 4, 8 und 16 Min. lang mit einem 1,8/135-mm-Objektiv auf Agfachrome CT 18 belichtet.

e

28

Abb. 28: Der Große Wagen, aufgenommen am Großstadthimmel, 10 Min. mit einem 2,0/55-mm-Objektiv auf Agfachrome CT 18 belichtet (vergleiche Abbildung 29).

29

Abb. 29: Der Große Wagen (am linken Bildrand), aufgenommen abseits der Großstadt. 10 Min. mit einem 3,5/28-mm-Objektiv auf GAF D 500 belichtet (vergleiche Abbildung 28).

Bei dieser Rechnung wurden nur die Bilder (a) und (e) zugrunde gelegt; eine genauere Bestimmung des Schwarzschild-Exponenten setzt die Auswertung aller Aufnahmen voraus. Man erhält dann zwar eine gewisse Fehlerbreite, kann aber andererseits durch ein mathematisches Ausgleichverfahren die Fehler der einzelnen Aufnahmen „ausbügeln" (solche Fehler sind zum Beispiel auf die ungenaue Bestimmung der Grenzgrößenklasse zurückzuführen, denn in der Regel zeigen die Vergleichssterne Helligkeitssprünge). Die exakte Rechnung führt zu einem Schwarzschild-Exponenten von 0,8438 für den verwendeten Film (Agfa CT 18). Rundet man beide Werte auf 2 Stellen hinter dem Komma, so ist das Ergebnis in beiden Fällen gleich, das zweite aber durch mehr Ausgangswerte „sicherer".

Umgekehrt kann man aus der Grundgleichung die erforderliche Belichtung bestimmen, die notwendig ist, damit ein Stern so eben noch für eine ausreichende Schwärzung des Filmes sorgt. Aus

$$(16) \qquad t^p = \frac{\text{Belichtung} \cdot 25 \text{ ASA}}{I \cdot V \cdot E}$$

erhalten wir durch Auflösen nach Belichtung

$$(16a) \qquad B = \frac{I \cdot V \cdot E \cdot t^p}{25 \text{ ASA}}$$

t = Belichtungszeit
I = Beleuchtungsstärke
V = Verstärkungsfaktor
E = Filmempfindlichkeit in ASA

Die Aufnahmen wurden mit einem 1,8/135-mm-Teleobjektiv (effektive Öffnung 75 mm) gemacht; die kleinsten Sternbildchen haben einen gemessenen Durchmesser von 0,03 mm, was in Einklang mit der Beugungstheorie steht. Daraus ergibt sich ein Flächenverhältnis Objektivöffnung zu Sternbildchen von $(75/0,03)^2$, also ein Verstärkungsfaktor von 6 250 000.

Für die Belichtung der einzelnen Aufnahmen (Beleuchtungsstärke auf Film mal Belichtungszeit — unter Berücksichtigung des Schwarzschild-Exponenten, des Verstärkungsfaktors und der Filmempfindlichkeit) erhalten wir dann für die einzelnen Aufnahmen

a 0,2144 Luxsekunden
b 0,2450 "
c 0,2345 "
d 0,2356 "
e 0,2184 "

Die Ähnlichkeit dieser Werte zeigt, daß die Bestimmung der Grenzgrößenklasse bei allen Aufnahmen ziemlich gut war. Der Mittelwert der „notwendigen Belichtung" liegt bei 0,2296 Luxsekunden für 18 DIN oder 50 ASA. Ähnliche Rechnungen kann man nun auch für Sterne anstellen, die „etwas deutlicher" zu erkennen sind als die eben noch erreichten, um auch für sie die minimale Belichtung zu ermitteln. Mit diesen Werten lassen sich Belichtungszeiten ableiten, die eingehalten werden müssen, wenn man Sterne einer bestimmten Größenklasse noch deutlich auf dem Film oder im Dia erkennen möchte. Dabei hängt es natürlich ein bißchen vom persönlichen Empfinden ab, welcher Lichtpunkt noch als ausreichend hell angesehen wird. Ein ebenfalls an dieser Aufnahmeserie durchgeführter „Test" brachte als Wert für die Mindestbelichtung etwa 0,7 Luxsekunden bei 25 ASA in guter Übereinstimmung zu dem in späteren Kapiteln genutzten Wert von 1 Luxsekunde bei 25 ASA. Der dazugehörige Durchmesser des Sternbildchens liegt bei 0,04 mm.

Unser Mond

„... daß auf dem Mondkörper über den hellen Teil hin, vor allem in der unteren Hälfte, viele Gipfel von der Höhe der höchsten Berge unserer Erde aufragen, die vom ersten Licht der über dem Mond aufgehenden Sonne getroffen werden und die dadurch im Fernrohr sichtbar werden." So schrieb Johannes Kepler 1610 in seiner „Erwiderung auf den Sternenboten" von Galilei.

Dieses Aufleuchten der Berggipfel im Licht der frühen Morgensonne auf dem Mond gehört sicher mit zum Eindrucksvollsten, was man am Astro-Fernrohr erleben kann. Schon für Besitzer bescheidener Amateur-Fernrohre erkennbar, birgt die Mondoberfläche einen Formenreichtum, der dem Astro-Fotografen ein kaum erschöpfliches, reichhaltiges und dankbares Motiv bietet. Der Mond nimmt unter den Himmelskörpern insofern eine Sonderstellung ein, als er einfacher zu fotografieren ist, als die lichtschwachen Fixsterne. Er macht weder lange Belichtungszeiten noch hochempfindliche Filme erforderlich: wir brauchen auch nicht die hohen Vergrößerungen wie etwa bei den Planetenaufnahmen, um Oberflächenstrukturen sichtbar zu machen. Auch brauchen wir nicht mit den Schwierigkeiten wie bei der Sonnenfotografie zu kämpfen, deren grelles Licht uns zu schaffen macht.

Mit den Planeten hat der Mond gemeinsam, daß er im „geborgten" Sonnenlicht strahlt. Da er außerdem sehr nah ist, kann man schon mit bloßem Auge großräumige Oberflächenstrukturen erkennen: die dunklen Mare und die hellen Gebirgsgegenden. Ein Mondfoto ist deshalb in gewissem Sinne mit einer Landschaftsaufnahme auf der Erde vergleichbar.

Die Größe des Mondbildes auf Negativ und Dia

Man könnte anfangs versucht sein, den Mond mit Kleinbildkamera und Standardobjektiv zu fotografieren, zumal man schon mit bloßem Auge den „Mann im Mond" recht gut sehen kann.

Auf dem Negativ findet sich jedoch eine erschreckend kleine Mondscheibe: sie hat kaum einen halben Millimeter Durchmesser! (Wenn hier immer wieder von Negativen die Rede ist, so deshalb, weil sich die von S/W-Negativen gewonnenen Bilder besser für die Auswertung eignen als Dias; das heißt allerdings nicht, daß die Aussagen nicht auch für Diafilm gelten!) Auch ein Teleobjektiv mit 200 mm Brennweite bringt kaum ein besseres Ergebnis — erst Brennweiten ab 1 m liefern auswertbare Bilder. Als Faustformel läßt sich in diesem Zusammenhang leicht merken: Brennweite geteilt durch 100 ergibt den Vollmonddurchmesser auf dem Kleinbildnegativ.

Will man nun auswertbare Bilder von der Mondoberfläche, so kann man das Astro-Fernrohr als Objektiv einsetzen. Gut geeignet sind dafür Spiegelreflex-Kameras und Celestron-Astro-Teleskope, die einen Adapter für Kameras aufweisen. Allerdings läßt sich mit ein bißchen Geschick für fast alle Okular-Auszüge eine Vorrichtung basteln, mit der die Kamera so ans Fernrohr montiert werden kann, daß die Filmebene im Brennpunkt des Fernrohr-Objektivs liegt. Ähnliche Ergebnisse bringt die Kombination Kamera plus Fernobjektiv, z.B. Canon FD 5,6/800 mm oder FL 11,0/1200 mm.

Belichtungszeiten bei Mondaufnahmen

Der Mond scheint nicht heller vom Nachthimmel als vom Taghimmel: er erhält von der Sonne immer das gleiche Licht! Lediglich reagiert unser Auge in der Nacht empfindlicher und spiegelt uns eine größere Helligkeit des Mondes vor. Das heißt aber, daß wir den Mond nachts mit den gleichen Belichtungsdaten fotografieren können wie am Tag, wenn wir uns auf Fotoobjektive beschränken — und damit auf ein doch recht kleines Mondbild. Bei Einsatz eines 25-ASA-Films kommen wir dann durchaus mit Blende 5,6 und 1/60 sec Belichtungszeit aus, bei empfindlicherem Film sogar mit kürzeren Zeiten!

Die Belichtungszeit für ein Mondbild im Fokus des Fernrohres hängt von der Durchsichtigkeit der Atmosphäre, von der Höhe des Mondes über dem Horizont, vom Instrument und natürlich von der Filmempfindlichkeit ab. Deswegen ist — wie bei allen Astrofotos — eine Versuchsreihe sinnvoll, um die jeweils richtige Belichtung zu treffen. Die Berechnung der Helligkeit des Mondbildes auf dem Film liefert einen Anhaltspunkt. Der Vollmond hat 41

Tabelle 7

Mondalter in Tagen	Helligkeit	Verlängerungsfaktor
2 bis 3	6%	17
4 bis 5	15%	7
7 (erstes und letztes Viertel)	27%	4
10	61%	1,5
14 (Vollmond)	100%	1

eine Helligkeit von -12^m6, das entspricht einer Leuchtstärke von 0,24 Lux. Wie wir bereits gesehen haben, wird eine ausreichende Schwärzung auf einem Film mit 25 ASA erreicht, wenn 1 Lux eine Sekunde lang auf den Film einwirkt. Daraus ergibt sich für den Mond eine Belichtungszeit von 1 Luxsekunde: 0,24 Lux = etwa 4 sec bei 25-ASA-Film.

Dabei ist jedoch noch nicht der Verstärkungsfaktor des Objektivs berücksichtigt. Das durch die Fläche des Objektivs eintretende Licht wird in der Fläche des Mondbildes auf dem Film vereinigt. Die Beleuchtungsstärke wird also um das Verhältnis Objektivfläche zu Abbildungsfläche vergrößert: $V = (D_{OB} : D_{MB})^2$, wobei D_{OB} den Durchmesser des Objektivs und D_{MB} den Durchmesser des Mondbildes bedeutet. Bei 10 cm Objektivdurchmesser und einer Brennweite von 100 cm, die nach unserer Faustformel ein Mondbild von etwa 1 cm Durchmesser auf dem Negativ ergibt, errechnet sich somit ein Verstärkungsfaktor $V = (10/1)^2 = 100$. Als Belichtungszeit ergibt sich somit ein Hundertstel der oben angegebenen 4 sec, also etwa 1/25 sec.

Das gilt nur für den Vollmond. Bei den einzelnen Phasen bis zur schmalen Sichel bleibt die Helligkeit des beleuchteten Teils nicht gleich groß, wie das etwa bei einer partiellen Sonnenfinsternis, bei der der unbedeckte Teil der Sonne nichts an Helligkeit einbüßt, der Fall ist. Bei Vollmond sehen wir nämlich hauptsächlich die Gegenden des Mondes, auf die das Sonnenlicht steil von oben, in der Mitte der Vollmondscheibe sogar aus dem Zenit, fällt.

42 Bei einer Mondsichel dagegen schauen wir auf Gegen-

den, die vom Sonnenlicht nur gestreift werden, für die Landschaft dort herrscht Sonnenauf- oder untergang, sie ist dunkler.

Aus Helligkeitsmessungen des Mondes bei den einzelnen Phasen ergibt sich, daß die schmale Sichel fast 20mal dunkler ist als der Vollmond. In der Tabelle 7 sind die Helligkeiten in % (bezogen auf den Vollmond = 100%) bei einzelnen Mondaltern angegeben, dazu die entsprechenden Verlängerungsfaktoren für die Belichtungszeit (Vollmond = 1).

Hatten wir für den Vollmond eine Belichtungszeit von $1/25$ Sekunden ausgerechnet, so ist also unter gleichen Bedingungen die schmale Sichel kurz vor oder nach Neumond 17mal länger, also mindestens eine halbe Sekunde lang zu belichten.

Nachführung bei Mondaufnahmen

Um zu entscheiden, ob bei Mondaufnahmen eine Nachführung nötig ist, ist es zweckmäßig, zu berechnen, wie groß die scheinbare Bewegung des Mondes in einer Sekunde ist. Wir können dabei vernachlässigen, daß der Mond sich auch um die Erde dreht. Bei Aufnahmen mit kurzen Zeiten ist die Tagesdrehung der Erde dominierend. Die Rechnung gilt gleichzeitig für die scheinbare Bewegung der Fixsterne.

In 24 Stunden macht der Mond scheinbar einen vollen Umlauf um die Erde, das heißt, er legt 360° zurück. In einer Sekunde sind das 360 geteilt durch 86 000 (24 Stunden mal 60 Minuten mal 60 Sekunden). Schreibt man im Zähler nicht Grad, sondern Bogensekunden (1 Grad hat 60 mal 60 Bogensekunden), so wird die Rechnung einfacher: 360 geteilt durch 24. In einer Sekunde wandert der Mond also um 15 Bogensekunden weiter.

Mit diesem Wert können wir leicht die Unschärfen ausrechnen, die sich bei Aufnahmen ohne Nachführung ergeben. Der Mond hat einen Durchmesser von 3470 km. Der scheinbare Durchmesser des Mondes, also der Winkel, unter dem wir ihn von der Erde aus sehen, beträgt im Mittel ein halbes Grad oder 30 Bogenminuten. Die 15 Bogensekunden, um die der Mond in einer Sekunde weiterwandert, sind nun $1/120$ des Monddurch-

30

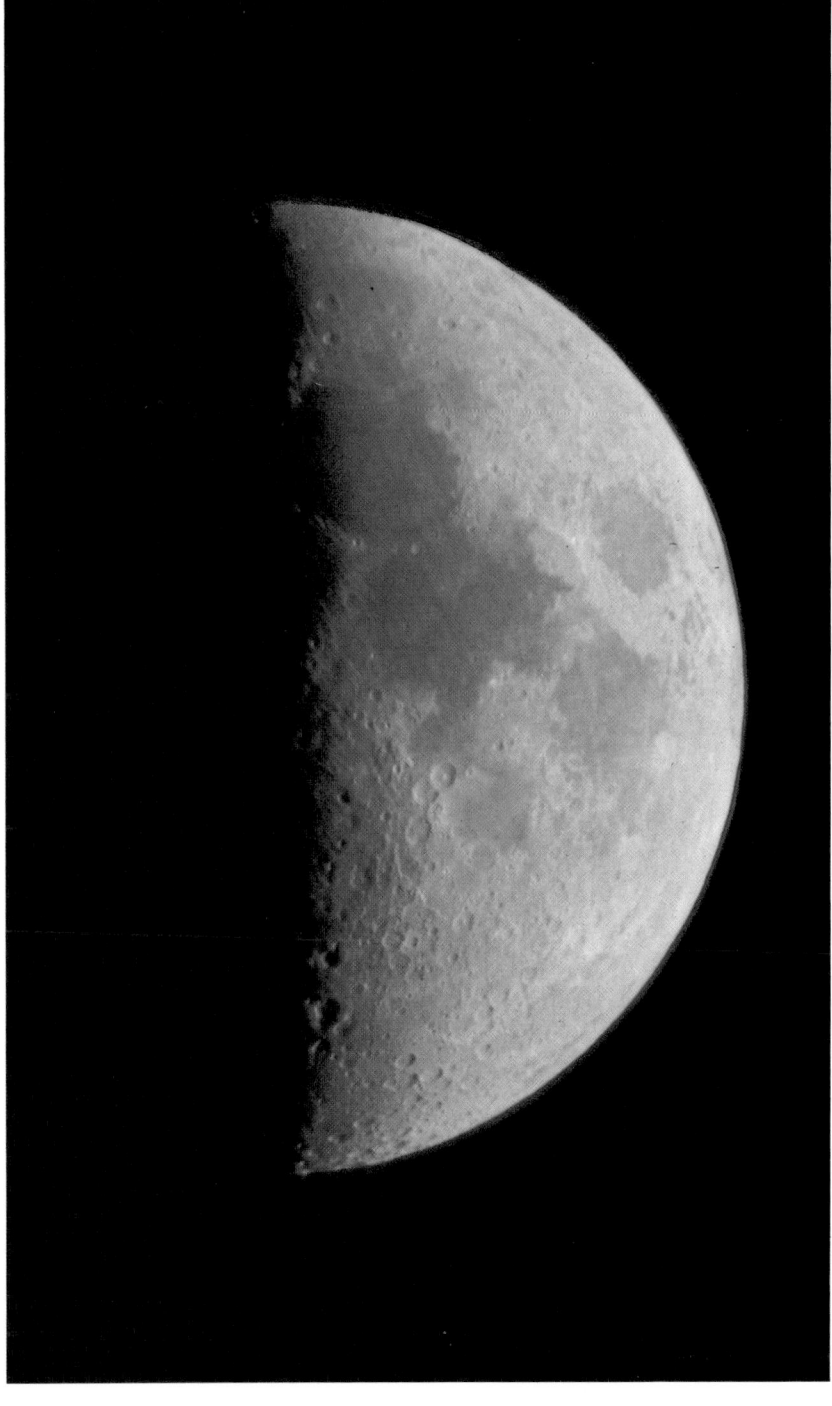

Abb. 30: Aufnahme des Halbmondes mit einem 112-mm-Newton-Reflektor, dessen Brennweite durch eine Barlow-Linse auf 1800 mm verlängert wurde, Belichtung 1 Sek. auf Color-Diafilm Kodachrome 64. Aufnahme mit Canon AE-1 und selbstgebautem Adapter.

31

32

messers, also 3470 : 120 = 29 km. Der bekannte Krater Kopernikus, etwa in der Mitte der Mondscheibe, hat einen Durchmesser von rund 90 km. In einer halben Sekunde Belichtungszeit wandert er also um $\frac{1}{6}$ seines Durchmessers weiter. Das heißt, Mondkrater werden bei einer Aufnahme ohne Nachführung nicht mehr scharf erfaßt. Sie liegen aber ohnehin schon nahe an der Grenze des Auflösungsvermögens, wenn man mit Brennweiten bis 200 mm fotografiert. In dem 2 mm großen Mondbild hat Kopernikus einen Durchmesser von 0,05 mm. Das Auflösungsvermögen, das heißt der Abstand zweier Linien, die noch getrennt werden können, beträgt bei einem Film mit 25 ASA etwa 0,008 mm, bei 50 ASA 0,012 mm und bei 100 ASA 0,02 mm. Unter optimalen Bedingungen, also auch bei bester Scharfeinstellung, findet man auf 2-mm-Mondbildern bei den größten Kratern höchstens eine Andeutung ihrer runden Gestalt. Die Wanderung des Mondes während der halben Sekunde Belichtungszeit beträgt bei 200 mm Brennweite auf dem Film etwa 0,008 mm. Das entspricht dem Auflö-

sungsvermögen eines Films mit 25 ASA. Der Mond wird also durch seine Bewegung nicht „unschärfer", als er es ohnehin durch das begrenzte Auflösungsvermögen wird.

Ein 2 mm durchmessendes Mondbild eignet sich nicht für Vergrößerungen. Es kann aber ein effektvolles Requisit bei Nachtaufnahmen von Landschaften sein. Besonders in Vollmondnächten sind Straßen, Häuser und Bäume geisterhaft beleuchtet. Man sollte hier den Mond selbst auch mit ins Bild nehmen, um eine ähnliche Stimmung zu erzeugen, wie sie etwa in Illustrationen zu Märchen dargestellt ist, bei denen der Mond übergroß zwischen den Bäumen gezeichnet ist.

Solche Nachtaufnahmen erfordern meist Belichtungszeiten im Bereich von Minuten. Nach unseren Berechnungen ergibt sich aber, daß der Mond in zwei Minuten bereits seinen eigenen Durchmesser zurücklegt, auf dem Bild also mindestens zu einem Oval wird.

Reizvolle Aufnahmen lassen sich jedoch mit einem kleinen Trick erzielen: mit zwei getrennten Aufnahmen, die

33

34

Abb.31: Nur die Doppelbelichtung läßt Mond und Winterlandschaft im „richtigen" Verhältnis zueinander erscheinen: Zunächst wurde die Landschaft 30 Sek. lang belichtet (Einstellung B) — dabei war der Mond nicht im Gesichtsfeld, weil er höher stand — dann wurde mit einem Karton das Objektiv abgedeckt, die Kamera nach oben geschwenkt und der Mond noch einmal 1 Sek. lang belichtet.

Abb.32: Der drei Tage alte Mond bei Venus am Abendhimmel (20. 1. 80). Belichtung 5 Sek. auf Kodachrome 200. f = 200 mm, Bl. 5,6.
Mittags hatte der Mond die Venus bedeckt. In den vier Stunden bis zur Aufnahme waren die beiden um etwa 2° auseinandergerückt.

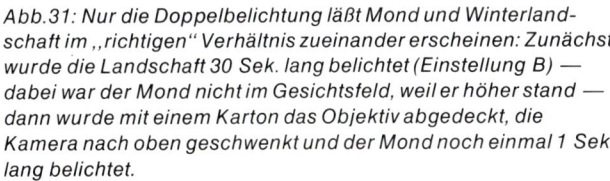

Abb. 33: Ostervollmond 1977, aufgenommen mit Okular-Objektiv-Projektion: Die Kamera wurde mit Objektiv 1,7/50 mm hinter das Okular eines 11 x 80 Feldstechers gehalten; f' = 600 mm; Belichtungszeit 1/30 Sek. auf Color-Diafilm Agfachrome 50 S. (Norden links)

Abb. 34: Mond-Aufnahme mit einem 150-mm-Reflektor, Belichtung 2 Sek. auf Agfachrome 50 S.

später übereinander kopiert werden. Dazu macht man zunächst die gewünschte Landschaftsaufnahme ohne Mond. Mit dem Fernrohr oder wenigstens einem langen Teleobjektiv wird der Mond gesondert aufgenommen. Auf diesem Foto erscheint keine Landschaft, weil man nur die unmittelbare Mondumgebung erfaßt. Nun lassen sich beide Negative einfach aufeinanderlegen. Es entstehen keine geisterhaften Doppelbelichtungen, weil der restliche Himmel auf dem Mondbild völlig klar ist. Man sollte bereits bei der Aufnahme darauf achten, daß der Mond im Sucher an der gleichen Stelle erscheint, wo er im Landschaftsfoto hingehört, denn die beiden Negative lassen sich hinterher nur schwer gegeneinander verschieben.

Eine weitere Möglichkeit, um zu einer Aufnahme einer Nachtlandschaft mit Mond zu kommen, besteht in der Doppelbelichtung: auf das gleiche Negativ oder Dia wird zuerst der Mond, dann die Landschaft mit neuer Kamera-Richtung belichtet. Für eine ausreichende Mondgröße ist ein Tele mit mindestens 200 mm Brennweite erfor- 45 derlich. Bei einer Filmempfindlichkeit von 25 ASA und Blende 8 erfordert der Vollmond eine Belichtungszeit von etwa 1/2 sec.

Hat die Kamera keine Vorrichtung für Doppelbelichtungen oder treten beim Umklappen des Spiegels größere Erschütterungen auf, empfiehlt sich folgende Methode: der Mond wird zunächst in der oberen Hälfte des Bildes eingestellt. Mit der Verschlußkappe auf dem Objektiv und der Einstellung „B" wird nun mit Drahtauslöser der Verschluß geöffnet. Die Verschlußkappe wird nun vorsichtig gelöst, aber weiterhin dicht vor das Objektiv gehalten, bis die Schwingungen der Kamera sich beruhigt haben. Dann die Kappe für eine halbe Sekunde zur Seite schwenken und wieder aufstecken. Der Verschluß bleibt weiterhin geöffnet. Die Kamera wird nun (nach Augenmaß) auf die gewünschte Landschaft gerichtet und die Kappe wie vorher wieder abgenommen. Die Landschaft kann nun einige Minuten belichtet werden.

Ein „Film" von den Phasen des Mondes

Schon den Kalendermachern der Frühzeit dienten die wechselnden Mondphasen mit ihrer Regelmäßigkeit als Zeitmesser. Unser Ausdruck „Monat" deutet noch auf dieses uralte Zeitmaß hin, wenn auch die Länge unserer Monate mit dem Umlauf des Mondes um die Erde, der Zeitspanne von einem Neumond bis zum nächsten, nicht genau übereinstimmt.

Wen reizte nicht die wachsende Mondsichel, über den Vollmond bis zur abnehmenden feinen Sichel am Morgenhimmel, dieses Schauspiel in einer Bilderserie festzuhalten oder gar in einem Film darzustellen!

So naheliegend diese Idee ist, so schwierig ist sie zu realisieren. Mit handelsüblichen Amateur-Filmkameras dürfte das kaum gelingen. Das Mondbild ist zu klein und normalerweise ist die Belichtungszeit bei solchen Geräten nicht variabel. Außerdem soll der Mond während des Filmablaufs ja nicht ständig hin und her springen. Man müßte ihn also für jede Aufnahme genau an die gleiche Stelle im Sucher „trimmen", was aber gar nicht so leicht ist. Ein Sprung von einer Nacht zur nächsten ist auch etwas zu groß. Es wäre also jeweils eine Aufnahme am

Abend und die nächste gegen Morgen nötig (oder auch zwei gleiche Aufnahmen hintereinander, um den Film zu verlängern). Aber leider tut uns nur der Vollmond den Gefallen, vom Abend bis zum Morgen am Himmel zu stehen. Die zunehmende Sichel ist nur abends und die abnehmende morgens sichtbar. Und letztlich müßte auch das Wetter mitspielen.

Eine Lösung bietet nur der Umweg über eine Bildersammlung von den einzelnen Mondphasen, die man anschließend mit der Einzelbildschaltung der Filmkamera abfilmt. Damit kann man den Mond formatfüllend auf das Filmbild bringen, und außerdem ist man nicht an nur einen Monat Aufnahmezeit gebunden.

Bei einem Teleskop von 10 cm Öffnung und 1 m Brennweite erfordert der Vollmond – wie wir vorher schon erwähnten – bei 25 ASA Filmempfindlichkeit eine Belichtungszeit von etwa $^1/_{25}$ sec. Bis zur schmalen Sichel wachsen die Belichtungszeiten bis zu $^1/_2$ sec. Die Bilder müssen also auf jeden Fall mit Nachführung gemacht werden. Erst recht, da wir die Einzelbilder auf ein Format von etwa 13 x 18 cm vergrößern wollen und die Wanderung des Mondes während der halben Sekunde Belichtungszeit bei einem 12 cm großen Mondbild einen halben Millimeter ausmachen würde. Bei den einzelnen Bildern ist natürlich auch darauf zu achten, daß sie in der Helligkeit aufeinander abgestimmt sind, damit später im Film keine Helligkeitsschwankungen auftreten. Außerdem sollte die Sammlung, ordnet man sie von zunehmender Sichel über Vollmond bis abnehmender Sichel, so vollständig als irgend möglich sein.

Nun filmt man die Fotos als Trickfilm mit der Einzelbildschaltung. Dabei ist natürlich peinlich genau darauf zu achten, daß der Mond immer genau an der gleichen Stelle des Bildes steht. Dazu fertigt man sich zweckmäßig eine Schablone an: auf ein Stück Pappe oder Zeichenkarton wird ein Transparentpapier gelegt und an einer Seite festgeklebt. Das Bild des Vollmondes legt man nun unter das Transparentpapier und zeichnet genau den Umriß des Mondes auf das Papier. Außerdem markiert man einige der markantesten Krater, möglichst auch am linken und rechten Rand. Nun kann man das Foto wieder herausziehen und mit dem ersten Bild, der schmalsten zunehmenden Sichel, beginnen.

Das Bild der Mondsichel wird so zwischen Pappe und Transparentpapier geschoben, daß der Mondrand mit dem gezeichneten Kreis auf dem Transparentpapier übereinstimmt. Dann dreht man es so lange, bis auch die Krater mit den vorgezeichneten übereinstimmen.

Hier ergibt sich gleich eine Schwierigkeit, die durch die „Libration" des Mondes verursacht wird: der Mond zeigt uns zwar immer die gleiche Seite, aber dabei scheint er etwas zu „wackeln". Einmal können wir etwas mehr hinter seinen linken Rand sehen, ein anderes Mal hinter den rechten, ähnliches gilt auch für die oberen und unteren Ränder. Bei unserem Trickfilm würde das nicht weiter stören, wenn wir die Bilder tatsächlich kontinuierlich im Laufe eines Monats machten. Die Abweichungen können aber größer werden, wenn wir Aufnahmen über längere Zeit sammeln.

Wichtiger als die Ruhe der Krater im Film ist jedoch die Ruhe des gesamten Mondes. Der Rand muß also auf jeden Fall genau auf der vorgezeichneten Linie liegen. Nun können wir jedoch bei eventuellen Abweichungen der Krater zusätzliche Markierungen machen, wo die Krater des ersten Bildes liegen. Man kennzeichnet sie zum Beispiel mit einer „1", um Verwechslungen zu vermeiden (auch alle Bilder sollten natürlich durchnumeriert sein). Probeweise schiebt man nun alle folgenden Bilder nacheinander in die Schablone, um eventuelle „Kratersprünge" vorher zu erkennen. Diese Sprünge lassen sich möglicherweise mildern, indem einige Bilder leicht in die entsprechende Richtung gedreht werden.

Nun kann die Filmarbeit beginnen. Die Schablone wird auf einen Tisch gelegt, darüber die Filmkamera montiert. Sie schaut senkrecht nach unten und soll den Mondkreis möglichst formatfüllend erfassen. Daß die Beleuchtung reflexfrei sein sollte, versteht sich von selbst.

Das erste Mondbild wird genau in die Schablone eingelegt und das Transparentpapier zurückgeklappt. Man belichtet nun 1, 2 oder sogar 3 Filmbilder. Davon, und von der Anzahl der Einzelbilder, hängt die Länge des späteren Filmes ab. Bei 20 Mondphasen-Bildern und nur einer Aufnahme pro Bild würde ein Monat zum Beispiel auf ewa eine Sekunde zusammenschrumpfen. Bei jeweils zehn Belichtungen pro Bild käme man auf eine angenehme Länge von zehn Sekunden.

Nun nimmt man das erste Bild aus der Schablone und legt das zweite paßgenau ein. Spätestens jetzt wird man feststellen, daß alle Sorgfalt beim Einlegen nichts nützt, wenn die Schablone verrutscht oder das Filmstativ. Also gilt auf jeden Fall: Schablone auf dem Tisch festkleben und Drahtauslöser benützen!

Nach dem Belichten des zweiten Bildes folgen die anderen nach der gleichen Methode. Wichtig für den Anfang und das Ende des Films ist, daß die Sichel möglichst schmal ist. Besonders am Ende sollte sie schließlich ganz verschwinden, was sich durch die Aufnahme eines schwarzen Kartons leicht bewerkstelligen läßt.

Bei sehr schmaler Mondsichel ist schon mit bloßem Auge die Nachtseite des Mondes zu sehen: das „aschgraue Licht" des Mondes. Auf Fotografien kommt es besonders deutlich heraus, da sich die Filmschicht – im Gegensatz zum Auge – nicht blenden läßt. Man belichtet bei solchen Aufnahmen natürlich etwas länger, als man es lediglich für die Mondsichel tun würde, auch wenn die Sichel dabei überbelichtet wird. Der aschgraue Teil des Mondes erhält sein Licht von der Erde. Die Erde kehrt dem Mond die vollbeleuchtete Seite zu, auf dem Mond herrscht also „Vollerde". Da sie vom Mond aus gesehen etwa viermal so groß ist wie der Vollmond, den wir sehen, ist eine Vollerde-Nacht auf dem Mond viel heller als eine Vollmond-Nacht auf der Erde. Dazu kommt noch, daß die Albedo, – das Rückstrahlvermögen eines beleuchteten Körpers, – der Erde größer ist als die des Mondes. Der Einfallswinkel des Erdlichtes ist wenige Tage vor oder nach Vollmond der gleiche wie der der Sonnenstrahlen bei Vollmond. Der aschgraue Teil des Mondes bietet also einen ähnlichen, wenn auch viel dunkleren Anblick wie der Vollmond. Man erkennt die dunklen Mareflächen und die Strahlenkrater als helle Punkte. Diese Bilder haben einen eigenartigen Reiz durch die hellstrahlende Mondsichel am Rand.

Kamera plus Astro-Fernrohr als Teleobjektiv

In unserer Bildserie von den Mondphasen haben wir einen Mondtag erlebt. Wir sahen auch – besonders beim halb beleuchteten Mond – Krater mit langen Schatten aus der Nacht auftauchen, bei Vollmond recht kontrastlos wirken, dann wieder lange Schatten zur anderen Seite werfen und schließlich im Dunkel verschwinden.

Der nächste Schritt wäre ein Film über einen Tag in einem Mondkrater, zum Beispiel im Kopernikus.

Dazu brauchen wir zunächst „Nahaufnahmen". Ein Okular, das ja zu jedem Fernrohr gehört, projiziert den Mond stark vergrößert auf den Film. Dazu muß die Kamera (ohne eigenes Objektiv) in einem Abstand von etwa 5 bis 10 cm hinter dem Okular angebracht werden. Ist im Fernrohrzubehör kein entsprechender Adapter vorhanden, kann man sich mit Hilfe von Zwischenringen, die man sonst für Nahaufnahmen mit der Kamera benutzt, eine entsprechende Vorrichtung leicht basteln. Wichtig dabei ist, daß die Zwischenringe lichtdicht und ohne Spiel am Okular-Auszug befestigt werden.

Nun geht es auf keinen Fall mehr ohne Nachführung, da die Belichtungszeiten, wie vorher schon erwähnt, bei einigen Sekunden liegen. Und nach drei Sekunden ist der Krater Kopernikus bereits um seinen eigenen Durchmesser gewandert. Aber auch die Nachführung muß so exakt sein, daß während der Belichtungszeit das Objekt exakt fixiert bleibt.

Wie groß wird das Mondbild bei der Projektion durch das Okular auf dem Film abgebildet, und wie lange muß man nun belichten? Um die Größe des projizierten Bildes zu errechnen, benutzen wir die Formel

$$(17) \qquad f_{\text{Ä}} = \frac{f_{OB}}{f_{Ok}} \cdot a$$

$f_{\text{Ä}}$ = Äquivalentbrennweite
f_{OB} = Brennweite des Objektivs
f_{Ok} = Brennweite des Okulars
a = Abstand Okular – Filmebene

Für ein Fernrohr mit 1 m Brennweite, einem Okular mit 1 cm Brennweite und 10 cm Abstand des Films vom Okular ergibt sich eine Äquivalentbrennweite von 10 m. Das bedeutet, daß das projizierte Mondbild einen Durchmesser von etwa 9 cm hat.

Damit ergibt sich gleich eine einfache Berechnung der richtigen Belichtungszeit. Es wurde bereits erwähnt, daß der Vollmond mit seinen 0,24 Lux bei einer Filmempfindlichkeit von 25 ASA eine Belichtungszeit von 4 sec erfordert, falls man den Verstärkungsfaktor des Objektivs nicht berücksichtigt. Dieser Verstärkungsfaktor, das Verhältnis der Objektivfläche zur Bildfläche, ist aber in unserem Beispiel etwa gleich 1, wenn unser Fernrohrobjektiv ebenso groß ist wie das projizierte Mondbild, also hier 9 cm. Die Belichtungszeit von 4 sec gilt demnach für die hier angenommenen Fernrohrdaten, sie läßt sich aber auch für andere Objektivöffnungen leicht errechnen.

Da das Kleinbildformat 24 x 36 mm nur einen kleinen Ausschnitt aus dem drei- bis viermal größeren Mondbild zeigt, sind auch keine Ausschnittsvergrößerungen nötig, man kann also – und sollte auch – zu einem empfindlicheren Film greifen als 25 ASA, zum Beispiel gleich zum 400-ASA-Film. Die Belichtungszeit verringert sich bei den angenommenen Daten dadurch auf 1/4 sec. Die Mondsichel könnte man also mit 4 sec ausreichend belichten.

Bei der Scharfeinstellung im Sucher wird man feststellen, wie empfindlich das vergrößert projizierte Bild gegen Erschütterungen ist. Auch der Schwingspiegel in der Kamera kann beim Auslösen störende Vibrationen verursachen. Um diese Erschütterungen auszuschließen, ist folgendes Vorgehen bei der Belichtung zu empfehlen, sofern die Kamera über keinen feststellbaren Spiegel verfügt: das Objekt, zum Beispiel der Krater Kopernikus, wird im Sucher in die Mitte des Bildes gestellt und die Exaktheit der Nachführung kontrolliert. Nun hält man eine dunkle Pappe vor die Fernrohröffnung, und zwar ohne dieses zu berühren, um alle Erschütterungen auszuschließen. Der Kameraverschluß wird jetzt mit einem feststellbaren Drahtauslöser geöffnet. Anschließend wird die Pappe vor dem Fernrohr seitlich weggeschwenkt: die Belichtungszeit beginnt. Um die Belichtung zu beenden, wird die Pappe wieder vor die Öffnung

35

36

Abb.35: Quer durch das Mond-Gebirge „Alpen" zieht sich ein Graben, das „Alpental", das schon in kleineren Teleskopen sichtbar ist. Die Aufnahme entstand mit einem Celestron 14.

Abb.36: Eine weitere Detailaufnahme des Mondes mit einem 30-cm-Reflektor, Belichtungszeit 1/60 Sek. auf Color-Diafilm Fuji R 100.

geschwenkt, und der Kameraverschluß wird wieder geschlossen.

Damit die Aufnahme gelingt, müssen noch zwei Voraussetzungen erfüllt sein: optimale Scharfeinstellung und optimale Luftruhe. Das erste erfordert viel Sorgfalt, das zweite ist Glückssache.

Bei Spiegelreflexkameras ist die Scharfeinstellung kein großes Problem. Im Sucher kann man verfolgen, wie sich die Schärfe ändert, wenn man an der Feineinstellung des Okulartriebs dreht. Durch ständiges Hin- und Herdrehen um die „schärfste Stelle" tastet man sich an die beste Einstellung heran. Bei Kameras mit einer Mattscheibe ist eine Lupe nützlich, um optimale Schärfe zu erzielen. Damit scheinen nun alle Voraussetzungen erfüllt, um gestochen scharfe Aufnahmen von Mondkratern zu erhalten. Einen Strich durch die Rechnung kann uns jedoch noch der Luft-Ozean unserer Erde machen, den das Licht des Mondes passieren muß. An einem heißen Sommertag kann man mit bloßem Auge leicht beobachten, was passiert, wenn sich wärmere und kühlere Luft durchmischen: über Straßen und Feldern flimmert es. Auch wenn die Nacht noch so klar erscheint, ist dieses Flimmern immer noch mehr oder weniger stark da. Man kann es im Fernrohr gut beobachten, wenn man den tief über dem Horizont stehenden Mond beobachtet: auf seiner Oberfläche wogt es oft wie in einem Kornfeld, über das der Wind streicht.

Für die Luftunruhe gibt es keine Gesetzmäßigkeiten. So ist eine Nacht, oder wenigstens eine Stunde am Fernrohr ohne Luftunruhe Glückssache. Gibt es eine ruhige Minute, die dann vielleicht gleich wieder von stärkerem Flimmern abgelöst wird, ergibt sich damit die Möglichkeit für eine Aufnahme. Man muß natürlich schußbereit am Fernrohr stehen und beobachten. Mit etwas Übung bekommt man ein wenig Fingerspitzengefühl dafür, wann ein günstiger Augenblick gekommen ist.

Krateraufnahmen gelingen am besten, wenn der Krater nahe am Terminator liegt, der Linie des Sonnenauf- oder -untergangs auf dem Mond. Hier werfen die Berge lange Schatten. Je höher die Sonne steht, um so flacher wirkt die Landschaft. Dazu kommt, daß die Mondoberfläche selbst keine großen Kontraste hat, wenn man einmal von dem „Mann im Mond", der Aufteilung in Gebirge und Mare absieht. Motive auf dem Mond leben von ihren Schatten. Da gibt es auch kaum Halbtöne. Die sonnenbeschienenen Flächen sind durchsetzt von tiefschwarzen Schatten.

Und doch ist es eine interessante Aufgabe, die leicht unterschiedlichen Tönungen der Marebecken und Kraterböden fotografisch zu erfassen, die sich auch mit dem Sonnenstand ändern. Das hängt unter anderem damit zusammen, daß die scheinbar völlig glatten Flächen von einer Unzahl kleiner Krater übersät sind, wie wir seit den ersten Nahaufnahmen des Mondes, die von Raumflugkörpern aus aufgenommen wurden, wissen. Jeder der vielen Krater hat bei schrägem Sonnenstand seinen eigenen Schatten im Innern, insgesamt gesehen erscheint die Fläche damit dunkler.

Aus mehreren Aufnahmen, die man bei stärkerer Vergrößerung von einzelnen Teilen des Mondes erhält, läßt sich auch ein Mosaikbild des Mondes zusammensetzen. Beim Mond im ersten Viertel kann man zum Beispiel an der Schattengrenze entlang drei oder vier Aufnahmen von oben nach unten machen, wobei sich die Bildgrenzen etwas überlappen müssen. Von der rechten, hell beleuchteten Mondseite reichen dann zwei bis drei Bilder aus. Hier ist zu beachten, was früher schon einmal angedeutet wurde: die Mondscheibe ist nicht überall gleich hell. Beim ersten Viertel fällt das Sonnenlicht an der rechten Kante senkrecht auf die Mondoberfläche. Dort ist es sehr viel heller, wenn wir auch nicht senkrecht auf diese Fläche sehen. Man erkennt das deutlich an Brennpunktbildern des Mondes im ersten Viertel: die Helligkeit nimmt von der rechten Kante bis zur Mitte stark ab.

Die fotografische Schicht reagiert auf diese Unterschiede objektiver und deutlicher als unser Auge. Deshalb erfordern die hellen Gebiete wesentlich kürzere Belichtungszeiten als die dunkleren. Bei der Zusammensetzung zum Mosaik sollen aber keine Schwärzungsunterschiede aneinanderstoßen. Sie treten auch kaum auf, wenn die Differenzen in der Belichtung nicht sehr groß sind. Auf dem Foto vom Terminator nimmt die Helligkeit

50

37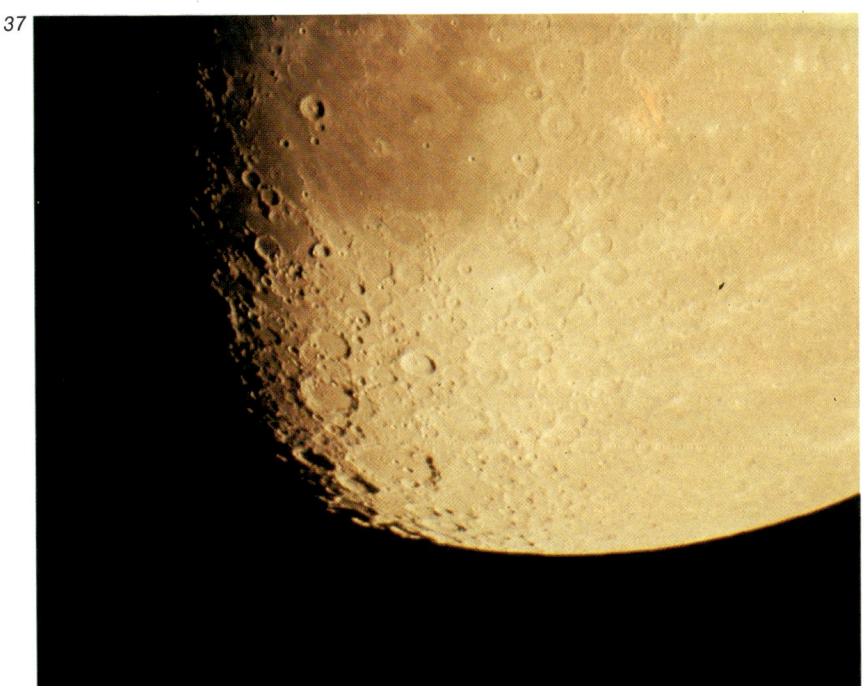

Abb.37: Die Südhalbkugel des Mondes 10 Tage nach Neumond, aufgenommen mit einem 30-cm-Newton-Teleskop 1 : 5 bei Brennweitenverlängerung auf 4,5 m (N' = 15). Belichtungszeit 1/30 Sek. auf Color-Diafilm Fuji R 100.

Abb. 38: Großaufnahme des Mond-Kraters Kopernikus mit einem Celestron 14-Schmidt-Cassegrain-Reflektor (d = 35 cm).

38

Abbildungen auf Seite 52/53 ▶

Abb. 39: Der zunehmende Mond, 4 Tage nach Neumond, aufgenommen im Brennpunkt eines 225/3000-mm-Refraktors, 1/15 Sek. belichtet auf Ilford Pan F.

Abb.40: Der Mond, 9 Tage nach Neumond. Deutlich sind am oberen Rand der Krater Plato und das Alpenquertal zu erkennen, links unterhalb der Bildmitte der Krater Kopernikus. 2 Sek. in einem 200/1500-mm-Refklektor mit Barlowlinse (f' = 3 m) auf Agepe FF belichtet.

nach rechts stark zu, auf dem anschließenden Randfoto etwas weniger stark. Wenn man seine Bilder selbst entwickelt und Vergrößerungen herstellt, läßt sich diese Differenz dadurch leicht ausgleichen, daß man bei der Belichtung mit dem Vergrößerungsgerät durch das sogenannte „Abwedeln" für eine etwas gleichmäßigere Verteilung sorgt.

Ein Mosaik des Halbmondes bietet von der Sonnenstellung her keine Probleme, da man alle Aufnahmen dazu kurz hintereinander herstellen kann. Mit etwas „Mogeln" läßt sich das nun auch auf den Vollmond ausdehnen. Ein Brennpunkt-Bild vom Vollmond hat sehr starke Kontraste durch die Differenzen zwischen Maren und Gebirgen. Die Mare bilden sich als dunkle Flächen ab, mit gleißenden Gebirgszonen dazwischen. Die Krater sind kaum zu sehen. Allerdings kommen hier die Strahlen von einzelnen Kratern deutlich zum Vorschein, besonders von Tycho, von Kopernikus und Kepler. Die Ringwälle der Krater in der Mitte der Mondscheibe werfen jedoch keine Schatten, da die Sonne für sie im Zenit steht. An den Rändern gibt es durchaus Schatten, nur können wir sie hier nicht sehen, da wir etwa aus der gleichen Richtung schauen, aus der die Sonnenstrahlen den Mond treffen. Trotzdem können wir uns ein Bild des Vollmondes mit konstrastreichen Kratern herstellen.

Dazu sammeln wir wieder Einzelbilder, diesmal jedoch mit Okularvergrößerung aufgenommen. Die Helligkeit sollte bei allen etwa gleich sein, ebenso die Sonnenhöhe in der aufgenommenen Gegend. Man könnte so vorgehen, daß man während eines halben Monats immer etwas hinter dem Terminator her fotografiert. Hält man den Abstand vom Terminator einigermaßen konstant, etwa $1/_{10}$ Monddurchmesser, so erhält man zwar gleichmäßige Schatten, das Mondbild wirkt aber sehr flach. Nimmt man dagegen für die rechte Mondhälfte Bilder aus dem ersten Viertel und für die linke Hälfte Bilder aus dem letzten Viertel, so verstärkt man den Eindruck, daß die Seiten nach hinten wegfliehen.

Einiges Geschick erfordert auch das Aneinandersetzen der Einzelbilder zum Mosaik. Exakt die gleiche Vergrößerung ist natürlich Voraussetzung. Dafür müssen die Bildkanten nicht rechtwinklig und gerade sein. Man schneidet am besten an den Kanten um Krater herum oder sogar an Kraterrändern entlang. Hier fallen die Schnitte am wenigsten auf. Die Kanten lassen sich von der Rückseite her abschaben, damit sie, wenn sie auf das Nachbarfoto aufgeklebt werden, keine Stufen bilden. Man kann an den Kanten die untere Papierschicht auch so wegreißen, daß nur die Filmschicht übrigbleibt. Das ist allerdings bei den modernen Kunststoff-Papieren nicht möglich. Beim Zusammenkleben ist darauf zu achten, daß am Mondrand keine Versetzungen entstehen. Deswegen sollte man den Rand zuerst zusammensetzen.

Beobachter am Fernrohr sind immer wieder begeistert von dem Auftauchen der ersten beleuchteten Bergspitzen eines Kraters etwas links vom Terminator. Diese ersten Lichtpünktchen im Dunkel der Nacht auf dem Mond kennzeichnen gleichzeitig die höchsten Gipfel eines Ringwalls. Im Laufe weniger Stunden kann man verfolgen, wie sich die Punkte zu einem Ring schließen, der zunächst eine dunkle Kreisscheibe umschließt. Später wird auch der Kraterboden erleuchtet. Die langen Schatten des rechten Gebirgszuges und des Zentralberges werden immer kürzer, bis der Krater zu Mittag im vollen Sonnenlicht liegt. Allmählich entstehen an der Innenseite der linken Bergkette die ersten Schattenseiten am Nachmittag, bis gegen Abend der Kraterboden ins Dunkel getaucht wird und schließlich die Gipfel der rechten Bergkette als Lichtpunkte übrigbleiben und auch verlöschen.

Dieser Tag in einem Mondkrater, der immerhin einen Monat dauert, läßt sich auch wieder als Film produzieren, ähnlich wie es schon bei den Mondphasen beschrieben wurde. Dieser Film mag etwas aufwendiger sein, da Mondbilder bei so hoher Vergrößerung schwieriger als Brennpunktbilder zu erstellen sind. Andererseits entfällt der Ärger mit der Libration des Mondes, wenn wir eine Gegend wählen, die weit genug vom Rand der Mondscheibe entfernt liegt: an der Form des Kopernikus zum Beispiel ändert sich durch die Libration so gut wie nichts. Okularaufnahmen von Details der Mondoberfläche erfordern viel Sorgfalt und vor allem – Geduld. Das beginnt schon bei der präzisen Justierung der Nachführung des Fernrohrs. Die beste Scharfeinstellung im Sucher nutzt nichts, wenn das Fernrohr während der Belichtungszeit auch nur eine Spur zu schnell oder zu langsam läuft oder wenn die Stundenachse nicht exakt parallel zur Erdachse liegt und der Mond dadurch nach oben oder unten wandert. Und schließlich kann die Luftunruhe alle Bemühungen zunichte machen. Geduld bedeutet hier möglicherweise auch Geld. Mit einer Aufnahme ist es nicht getan. Vielleicht waren erst bei der zehnten alle Bedingungen so gut erfüllt, daß man mit der Schärfe zufrieden ist.

Aus mehreren guten Aufnahmen eines Kraters bei verschiedenen Sonnenständen läßt sich das Profil eines Gebirges rekonstruieren. Schon vom Geometrie-Unterricht in der Schule her kennt man die Methode, aus der Länge eines Schattens und dem Einfallswinkel der Sonnenstrahlen die Höhe des Objektes zu bestimmen, das den Schatten wirft. Aus der Schattenlänge auf der Aufnahme und besonders aus ihrer Form bei unterschiedlichen Sonnenhöhen die Form eines Ringwalls zu erschließen und eventuell mit Gips oder Plastillin nachzubilden, ist eine dankbare, wenn auch sehr mühselige Aufgabe.

An dieser Stelle sei darauf hingewiesen, daß auch die beste Aufnahme von der Mondoberfläche bei weitem nicht alle Einzelheiten festhält, die man bei direkter Beobachtung dort entdeckt. Das liegt hauptsächlich an der Luftunruhe. Das Auge kann im Gegensatz zum Objektiv bewegten Einzelheiten schnell folgen. Ein kleiner Moment Ruhe reicht aus, um etwas klar zu erkennen. Deswegen sind Zeichnungen von Details, zum Beispiel von feinen Abstufungen in den Flanken eines Ringwalls, der Aufnahme weit überlegen. Das gilt auch für die Umrisse von Schatten.

Will man nun ein möglichst detailreiches Bild eines Kraters haben, so kann man Foto und Zeichnung kombinieren. Das Foto liefert die exakte topografische Lage, die markanten Erhebungen und den Grauton. Mit Hilfe von Zeichnungen läßt sich dieses Bild durch ,,Retusche'' verfeinern.

Man kann auch ein stark vergrößertes Foto eines Kraters als Zeichenunterlage benutzen. Dazu wird es mit einem Transparentpapier überzogen, auf das man die beobachteten Feinheiten gleich aufzeichnet.

Ein räumliches Bild vom Mond

Wir sehen unsere Umgebung nicht nur als ,,Bild'', im Sinne einer Fotografie, wir sehen sie auch als Raum. Jedes unserer beiden Augen sieht ein etwas anderes Bild, bedingt durch den Augenabstand von etwa 6 bis 7 cm. Fotografiert man nun eine Landschaft zweimal, eben aus diesen beiden Blickrichtungen, und sorgt man später dafür, daß jedes Auge gerade das Bild sieht, das aus seiner Blickrichtung aufgenommen wurde, so ergänzen sich die beiden Bilder zu einem räumlichen Anblick. Man imitiert fotografisch, was die Augen direkt sehen. In der Praxis vergrößert man allerdings den Aufnahmeabstand noch etwas, damit der Raumeindruck verstärkt wird.

Zur Betrachtung solcher Bilder gibt es spezielle ,,Stereobetrachter''. Mit einer Art Brille wird der Blick jeweils auf das zugehörige Bild gelenkt. Man kann sich aber auch so behelfen, daß beide Bilder im Abstand von etwa 30 cm betrachtet werden, wobei ein weißer Karton, den man zwischen die Augen hält, links und rechts trennt.

Beim Mond funktioniert dieses Verfahren nicht, da er viel zu weit weg ist. Um ihn räumlich zu sehen, müßten wir einen Augenabstand von der Größe des Erddurchmessers haben. Daß wir ihn als Ball zu sehen meinen, beruht hauptsächlich darauf, daß wir wissen, daß er ein Ball ist! Trotzdem spricht nichts dagegen, daß wir mit fotografischen Tricks den Mond als im Raum schwebenden Ball darstellen. Wir brauchen aber keine Weltreise zu machen, um – im Verhältnis zur Mondentfernung von 384 000 km – einen genügend großen Aufnahmeabstand für die beiden Bilder zu erreichen.

Die Bewegung der Erde um die eigene Achse bringt uns, im Abstand von 12 Stunden, an zwei Punkte, die ca. 10 000 km auseinander liegen. Und den Vollmond können wir abends beim Aufgang und morgens beim Untergang jeweils einmal etwas von rechts und dann etwas von links sehen und fotografieren.

55

Ein schmaler Mond tut uns leider nicht den Gefallen, die ganze Nacht über am Himmel zu stehen. Aber er bietet uns eine andere Möglichkeit, Stereofotos von ihm zu machen. Der Mond kehrt der Erde nicht immer exakt die gleiche Seite zu. Er schwankt etwas um eine Mittelstellung. Man nennt diese Schwankungen „Librationen" und unterscheidet „Libration in Länge" in Links-Rechts-Richtung und „Libration in Breite" in Nord-Süd-Richtung.

In astronomischen Jahrbüchern findet man Angaben über die Libration. Da heißt es etwa: „Mare Crisium randnah". Da das Mare Crisium am rechten Mondrand liegt, hat der Mond in diesem Fall also eine leichte Rechtsdrehung gemacht. „Grimaldi randnah" bedeutet eine leichte Drehung nach links. Die „Libration in Länge" beträgt bis zu 8° nach beiden Seiten und wird dadurch hervorgerufen, daß der Mond die Erde auf einer elliptischen Bahn umläuft. In einem Jahr vollführt der Mond etwas mehr als 14 solcher Schwankungen.

Bei der „Libration in Breite" sehen wir einmal etwas weiter über den Mond-Nordpol hinweg, das andere Mal über den Südpol. Diese Schwankungen sind dadurch bedingt, daß die Rotationsachse des Mondes nicht genau senkrecht auf seiner Bahnebene steht. Die sichtbare Mondhälfte wird dadurch um etwa 7° nach oben und unten erweitert.

Bei Stereo-Aufnahmen vom Mond wird nun also zunächst eine Aufnahme „Mare Crisium randnah", dann eine Aufnahme „Grimaldi randnah" gemacht, wobei darauf geachtet werden muß, daß bei beiden Aufnahmen die gleiche Libration in Breite herrscht – und natürlich die gleiche Mondphase! Dies wird um so schwieriger, je extremer die „Librationen in Länge" sind; man muß in diesem Fall Bilder kombinieren, deren Aufnahmen Jahre auseinander liegen, erhält aber Aufnahmen mit einem starken Stereoeffekt.

Legt man auf diesen starken Stereoeffekt keinen Wert, sondern zieht Bilder vor, deren Raumwirkung natürlicher

ist, können die passenden Aufnahmen im Abstand von nur einem Monat gemacht werden.

Einige Daten, die sich für Stereoaufnahmen eigenen, können Sie astronomischen Handbüchern entnehmen. (Siehe Bibliographie!) Kleine Unstimmigkeiten können bei der Montage durch leichtes Drehen der Bilder ausgeglichen werden.

Stereo-Nahaufnahmen von der Mondoberfläche wurden von den Besatzungen verschiedener Apollo-Raumschiffe aus der Nähe gemacht: beim Überfliegen eines Gebietes wurden kurz nacheinander Aufnahmen senkrecht nach unten belichtet. Der Abstand für die beiden Aufnahmen ergab sich aus der Weiterbewegung des Raumschiffes. Bei der Betrachtung sieht man Mondberge aus einer Ebene aufragen.

Mondfinsternisse

Jedesmal, wenn Sonne, Erde und Mond genau auf einer Linie stehen, ereignet sich eine Mondfinsternis. Im Mittel tritt das zweimal im Jahr ein. Man unterscheidet Halbschattenfinsternisse, bei denen der Mond nur durch den Halbschatten der Erde läuft, partielle Mondfinsternisse, wo der Kernschatten der Erde einen Teil des Mondes verdunkelt, und totale Mondfinsternisse, bei denen der Mond ganz in den Kernschatten der Erde eintaucht.

Halbschattenfinsternisse sind fotografisch nicht interessant, da lediglich eine leichte Schwächung des Mondlichtes eintritt. Dem ungeübten Auge fällt eine Halbschattenfinsternis kaum auf. Daß der Vollmond während dieser Zeit nicht so hell strahlt wie sonst, könnte man auch einem leicht dunstigen Himmel zuschreiben.

Partielle und gar totale Mondfinsternisse dagegen bieten viele fotografische Möglichkeiten.

Bei einer totalen Finsternis sollte der Mond eigentlich völlig verschwinden, da das Sonnenlicht, das ihn beleuchtet, bei einer totalen Verfinsterung von der Erde abgeschirmt wird. Der Erdschatten, der sich als Kegel weit in den Raum hinein erstreckt, hat aber keine scharfen Grenzen, und auch in seiner Mitte herrscht keine abso-

41

42

lute Finsternis. Ein Beobachter auf dem Mond würde bei totaler Mondfinsternis – die für ihn eine totale Sonnenfinsternis wäre – einen rötlichen Saum um die Erde herum sehen. Die Sonnenstrahlen, die die Erdatmosphäre passieren, werden von ihr in den Kegel hineingebeugt. Dabei werden alle Spektralfarben außer Rot aus dem Licht herausgefiltert, was ja auch der Grund dafür ist, daß wir die Sonne kurz nach Sonnenaufgang oder kurz vor Sonnenuntergang stark gerötet sehen. Morgen- und Abendrot vereinigen sich bei einer totalen Finsternis also für einen Beobachter auf dem Mond. Deswegen sieht man den Mond in einem eigenartigen kupferfarbenen Rotlicht.

Das reizt natürlich zu Farbaufnahmen. Besonders interessant ist die allmähliche Rötung bei Eintritt in den Kernschatten. Um den Farbton möglichst naturgetreu zu treffen, ist natürlich eine exakte Belichtung nötig. Am sichersten ist es, eine Versuchsreihe mit verschiedenen Belichtungszeiten zu machen. Als Anhaltswert mag dienen, daß der total verfinsterte Mond bei gleicher Filmempfind-

Abb. 41: Als der Mond am 16. September 1979 aufging, hatte die Mondfinsternis bereits begonnen. Belichtung jeweils 1/30 Sek. auf Color-Diafilm Ektachrome 400, Aufnahme mit Canon EF und FD Zoom 4,5/85-300 mm (in Position f = 300 mm).

Abb. 42: Aufnahme während der totalen Verfinsterung mit einem C 8, (Schmidt-Cassegrain-Reflektor), Belichtung 30 Sek. auf Ektachrome 400.

lichkeit und Blende bis zu 10000 mal länger belichtet werden muß als der normale Vollmond.

Will man den ganzen Ablauf einer Mondfinsternis in ihren einzelnen Phasen fotografisch erfassen, kann man z. B. viele Einzelbilder machen, die sich später aneinanderreihen lassen. Dazu bietet sich die Fotografie im Brennpunkt des Fernrohres an. Auch wenn bei dem unverfinsterten Mond keine Nachführung nötig ist, braucht man sie doch bei den viel längeren Belichtungszeiten während einer Verfinsterung.

57

Hier eine kleine Tabelle für die Belichtungszeiten mit einem hochempfindlichen Farbfilm, etwa dem Ektachrome 400 von Kodak in der Brennebene eines Teleskops mit f = 1 m und 120 cm Objektivöffnung:

Tabelle 8

volles Mondlicht	1/300 sec
Halbschatten	1/100 − 1/50 sec
am Rande des Kernschattens	1 − 10 sec
in der Mitte des Kernschattens	30 sec

Eine andere Möglichkeit ist, die Einzelfotos auf das gleiche Negativ zu belichten. Dazu braucht man jedoch eine Kamera, bei der man die Doppelbelichtungssperre ausschalten kann. Das ist entweder durch einen gesonderten Schalter möglich oder indem man beim Spannen den Rückspulknopf gedrückt hält. Allerdings kann der Film dabei trotzdem ein Stückchen vorwärts transportiert werden. Das kann man unterbinden, indem man mit der Rückspulkurbel den Film in der Patrone spannt. In dieser Stellung wird nun die Rückspulkurbel mit einem Klebstreifen fixiert. Dies hält den Film beim Spannen mit gedrücktem Rückspulknopf fest.

Für die Reihenaufnahme müssen wir uns zunächst im klaren sein, wie die Kette der einzelnen Mondbilder auf dem Bild erscheinen soll. Den gesamten Ablauf der Finsternis auf ein Bild zu bannen ist wenig sinnvoll. Er dauert bis zu 6 Stunden. Dabei wandert der Mond über den halben Himmel, wir brauchten also ein Weitwinkel-Objektiv. Und damit schrumpfen die Mondbilder zu Punkten. Mit einem Tele von 100 mm Brennweite erhält man, gemäß unserer Faustformel, etwa 1 mm große Mondbildchen. Da der Mond in zwei Minuten seinen eigenen Durchmesser am Himmel zurücklegt, kann man alle drei oder vier Minuten ein Bild machen, um die Einzelbilder gut voneinander zu trennen. Legt man die Mondkette diagonal durch das Bildfeld, so hat es der Mond in etwa 1,5 Std. durchwandert. Nun muß man eine neue Serie beginnen. Später werden die Bilder aneinandergeklebt.

Wichtig bei den Aufnahmen ist ein stabiles Stativ und ein Drahtauslöser. Denn beim Spannen und Auslösen darf die Kamera weder verrutschen, noch in Schwingungen geraten. Außerdem ist es sinnvoll, ein Protokoll über die Belichtungszeiten zu führen. Die Werte in der obigen Tabelle gelten zwar für Teleskop-Aufnahmen, aber die Zunahme der Belichtungszeit ist unabhängig von der Brennweite, und der Übergang von kurzen bis zu den 10000mal längeren Belichtungszeiten sollte möglichst kontinuierlich erfolgen. Den hellen Mond wird man hier auch bei kleinerer Blende aufnehmen, die man dann beim Durchlaufen des Halbschattens allmählich weiter öffnet.

Es gibt auch die Möglichkeit, eine totale Mondfinsternis direkt mit einer Schmalfilmkamera festzuhalten. Allerdings muß dabei die Möglichkeit bestehen, die Belichtungszeit zu variieren. Die Kamera wird dazu fest an einem Teleskop montiert, das dem Mond exakt nachgeführt wird. Am besten hält man dabei einen markanten Punkt der Mondoberfläche, etwa den Zentralberg des Kraters Kopernikus, im Fadenkreuz des Okulars. Die Bildfolge kann hier sehr viel rascher sein, etwa alle 20 Sekunden ein Bild. In drei Stunden sind das 540 Bilder, und bei einer Projektionsgeschwindigkeit von 18 Bildern pro Sekunde dauert der Film dann eine halbe Minute.

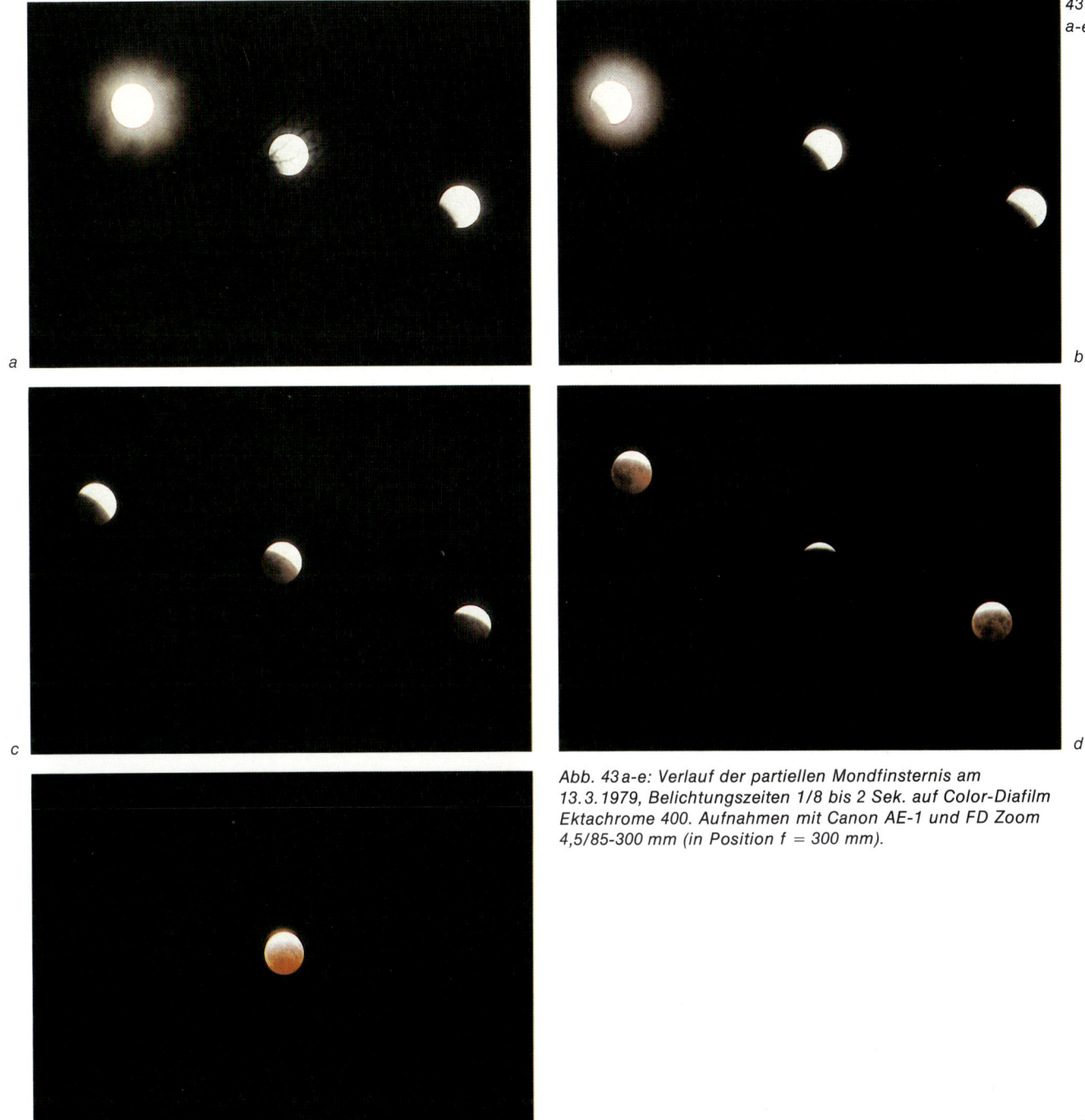

43
a-e

Abb. 43 a-e: Verlauf der partiellen Mondfinsternis am
13. 3. 1979, Belichtungszeiten 1/8 bis 2 Sek. auf Color-Diafilm
Ektachrome 400. Aufnahmen mit Canon AE-1 und FD Zoom
4,5/85-300 mm (in Position f = 300 mm).

Abb. 44: Die Sonne mit ihren Flecken am 26. Mai 1980 um 11.26 MEZ. Aufgenommen mit einem 112-mm-Newton-Reflektor, dessen Brennweite mit einer Barlow-Linse auf 1800 mm verlängert worden war. Belichtungszeit 1/1000 Sek. auf Agfaortho 25.

44

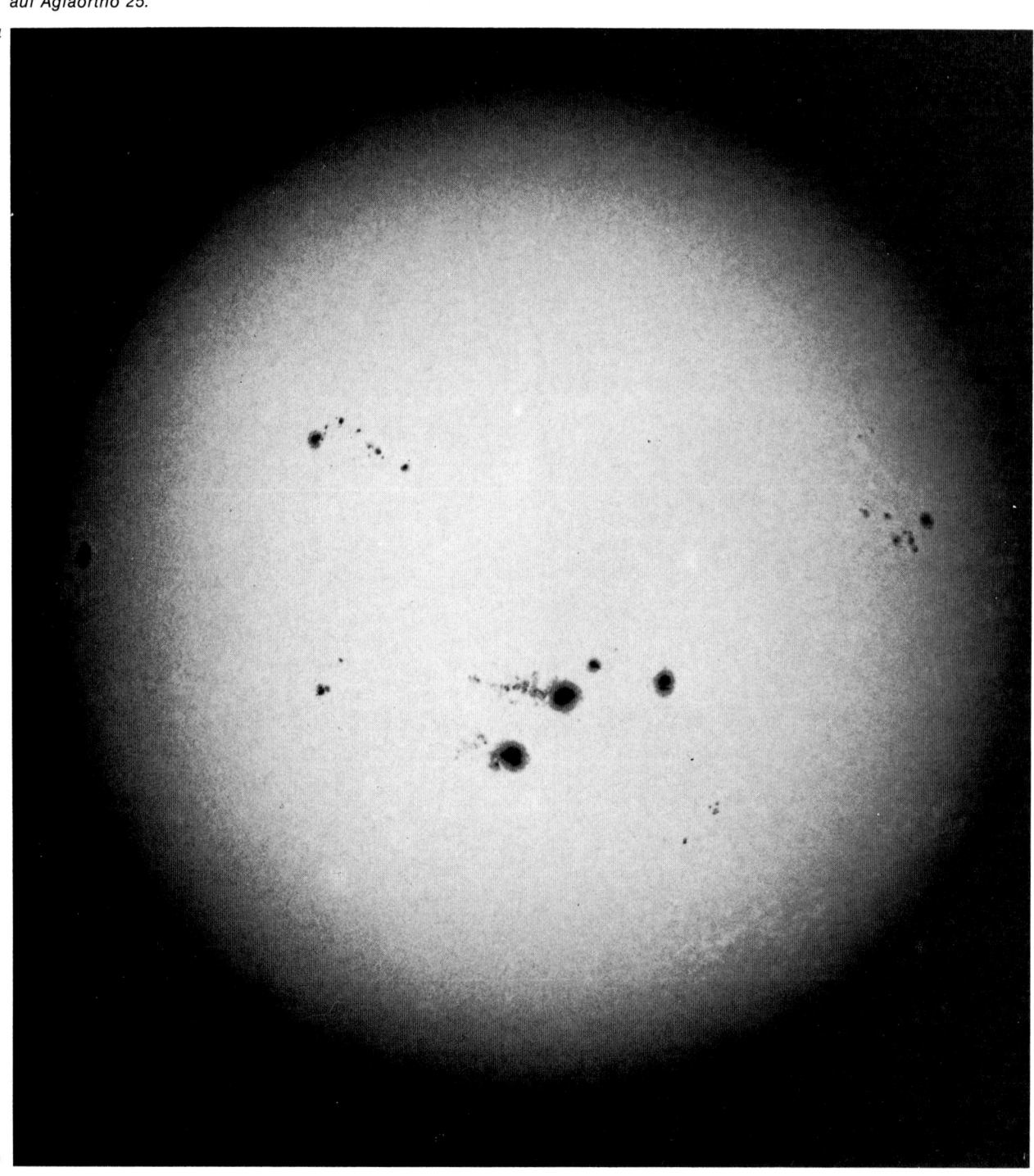

Die Fotografie der Sonne

Während man bei „normalen" Astroaufnahmen (Sternfelder, Gas- und Spiralnebel, Planeten und Kometen) Sorge tragen muß, möglichst viel des ankommenden Lichtes aufzufangen und fotografisch auszunutzen, stellt sich bei der Fotografie der Sonne ein ungewohntes Problem: die Helligkeit unseres Tagestirns ist so groß, daß wir möglichst viel Licht ausblenden müssen, um zu annehmbaren Ergebnissen zu kommen. Allerdings bietet die Sonnenfotografie auch einige Vorteile, die sie für den Anfänger wie auch den Fortgeschrittenen gleichermaßen reizvoll macht: man kann die Sonne tagsüber fotografieren, braucht sich also nicht nachts in die Kälte zu stellen und auf den Schlaf zu verzichten, und ihre Größe und Entfernung läßt die Sonne auch schon in kleineren Fernrohren als dankbares Objekt erscheinen.

Die Belichtung bei Sonnenaufnahmen

Die Helligkeit der Sonne, ausgedrückt in astronomischen Größenklassen, liegt bei −26. Dies entspricht einer Beleuchtungsstärke von etwa 50 000 lux. Da man für eine hinreichende Schwärzung eines Films mit der Empfindlichkeit 25 ASA mit einer Belichtung von etwa 1 Luxsekunde auskommt (eine Luxsekunde heißt, daß man bei einer Beleuchtungsstärke von 1 lux eine Sekunde belichten müßte, bei 50 000 lux also mit einer 50 000stel Sekunde auskäme), müssen wir sehen, wie man den überwiegenden Teil des Sonnenlichtes vom Film fernhält.

Zunächst wird man eine möglichst kurze Belichtungszeit wählen. Die meisten Fotoapparate „können" heute 1/1000 sec, manche – etwa die Canon F-1 – sogar 1/2000 sec. Das ergibt bereits eine deutliche Lichtreduzierung. Außerdem wird die störende Luftunruhe, die tagsüber bei intensiver Sonneneinstrahlung besonders groß ist, gewissermaßen „eingefroren". Schließlich kann man die Drehung der Erde, und damit also die scheinbare Bewegung der Sonne am Himmel, bei solch kurzen Belichtungszeiten vernachlässigen und ohne Nachführung fotografieren; selbst eine Verwacklung des Bildes aufgrund einer weniger stabilen Aufstellung ist ausgeschlossen, was für gute Astrofotografen, die ohnehin über eine stabile Aufstellung für ihre Kamera verfügen, allerdings nicht so wichtig ist.

Allerdings darf der Verstärkungsfaktor des Objektivs nicht unberücksichtigt bleiben! Das Objektiv bündelt ja die ankommende Strahlung im Brennpunkt, und das ist für die Sonnenfotografie doppelt unerfreulich: zum einen wird die Beleuchtungsstärke durch das Objektiv wieder vergrößert, zum anderen entsteht im Brennpunkt eine unerwünscht hohe Temperatur, die schon manchem Schlitzverschluß, den kein Rückschwingspiegel schützte, ein Loch eingebrannt hat.

Der Verstärkungsfaktor des Objektivs läßt sich leicht berechnen. Wird die Sonne im Brennpunkt abgebildet, wächst die Beleuchtungsstärke dort um den Faktor

$$(18) \qquad V = (\frac{D_{Ob}}{D_{SB}})^2$$

D_{Ob} = Objektivdurchmesser
D_{SB} = Durchmesser des Sonnenbildchens

Der Durchmesser des Sonnenbildchens ist abhängig von der benutzten Brennweite und liegt im Mittel bei $0{,}0093 \cdot f$ (f in Millimeter). Als Faustformel ist zu merken

$$\frac{\text{Brennweite}}{100} = \text{Durchmesser des Sonnenbildes.}$$

Setzen wir die Beziehung in die Gleichung (18) ein, so ergibt sich

$$(19) \qquad V = \frac{11500}{N^2}$$

(N = Blendenzahl).

Bei Benutzung eines Fernrohres mit 10 cm Öffnung und 100 cm Brennweite (N = 10) errechnet sich der Verstärkungsfaktor also zu 115, und wir erhalten (bei 1/1000 sec) eine Belichtung von rund 5750 Luxsekunden.

Will man die Belichtung weiter herunterschrauben, muß ein Filter verwendet werden. Das Absorptionsvermögen eines Filters wird durch die sogenannte Dichte gekennzeichnet: ein Filter, das 1 % des auftreffenden Lichtes durchläßt, hat die Dichte 2, ein solches, das nur 1‰ passieren läßt, die Dichte 3. Allgemein wird die Dichte eines Filters als Logarithmus des Abschwächungsfaktors angegeben.

Wenn wir 5750 Luxsekunden auf rund 1 Luxsekunde abdunkeln wollen, brauchen wir ein Filter der Dichte 4 (Abschwächungsfaktor 10000) und erreichen dann mit 1/500 sec etwa die erforderliche Belichtung.

Allgemein können wir somit für die notwendige Belichtungszeit eines Sonnenfotos schreiben

$$(20) \qquad t = \frac{1\,\text{lxsek} \cdot 25\,\text{ASA} \cdot F}{I_s \cdot V \cdot E}$$

F = Filterfaktor
I_s = 50 000 lx
V = Verstärkungsfaktor
E = Filmempfindlichkeit in ASA

Die Verwendung eines Films geringer Empfindlichkeit bietet in der Sonnenfotografie gleich mehrere Vorteile. So wirkt sich die niedrige Filmempfindlichkeit zum einen günstig auf unsere „Licht-Bilanz" aus (bei höheren ASA- oder DIN-Werten müßte die Belichtungszeit noch kürzer ausfallen bzw. das Filter noch dichter sein); zum anderen sind gering empfindliche Filme in der Regel auch sehr feinkörnig, so daß man die Abzüge sehr stark nachvergrößern kann, ehe sich das Filmkorn störend bemerkbar macht. Und eine starke Nachvergrößerung des Sonnenbildchens zur Auswertung des Fotos ist notwendig, wenn man bedenkt, daß das Fokalbild der Sonne bei einer Brennweite von 1 m nur rund 9 mm groß ist.

Als Filme für Sonnenaufnahmen besonders geeignet sind daher die extrem feinkörnigen Emulsionen Kodak SO-115 und Agfa Ortho 25. Man sollte sie aber nicht zu kontrastreich entwickeln, da ansonsten die ohnehin schon hohen Kontraste zwischen Sonnenflecken und Sonnenoberfläche unnötig verstärkt werden. Ortho-

chromatische Filme eignen sich allgemein aufgrund ihrer geringen Rotempfindlichkeit zusammen mit einem Rotfilter sehr gut zur weiteren Reduzierung des Lichts, da diese Kombination nur einen relativ engen Spektralbereich im gelben Licht „wirksam" werden läßt, in einem Bereich also, für den die meisten Fernrohrobjektive farbkorrigiert sind.

Vor einigen Jahren war das Filterproblem oft nur dann zufriedenstellend zu lösen, wenn man auch tief in die Tasche griff. Am besten eignet sich nämlich ein verspiegeltes Objektivfilter, das das Licht und die Wärme von vornherein aus dem Fernrohr heraushält. Nichts ist unangenehmer als zuviel Wärme im Teleskop: das Objektiv wird aufgeheizt und kann sich allmählich verformen, es entstehen Turbulenzen im Fernrohrtubus, und bei Aufnahmen mit Projektionsoptik (siehe unten) ist auch diese der Wärme ausgesetzt.

Objektivfilter aber waren und sind teuer, wenngleich bei Sammelbestellung durch eine Gruppe von Sonnenfotografen die Preise erträglich gehalten werden können (Erhältlich im Fachhandel). Eine — wenn auch nicht so gute — Alternative bieten die sogenannten Rettungsfolien, aluminiumbeschichtete Folien mit einem Abschwächungsfaktor von etwa 1000. Der Nachteil dieser Folien liegt in der Vielzahl kleinster Löcher, die Streulicht in das Teleskop eindringen lassen und so ein kontrastarmes Bild erzeugen. Trotzdem lohnt ein Versuch, denn die Qualität dieser preiswerten Folien ist starken Schwankungen unterworfen, so daß man mit Glück eine durchaus brauchbare Folie erstehen kann.

Weitere Möglichkeiten der Lichtreduzierung bieten sogenannte Sonnenprismen, die vor dem Kamera-Anschluß montiert werden. Läßt man das Licht auf die Grundfläche eines 90°-Prismas fallen, so werden nur etwa 4 % des ankommenden Lichtes im rechten Winkel reflektiert — der Rest tritt gradlinig durch das (unverspiegelte) Prisma hindurch. Schaltet man zwei solcher Glasprismen hintereinander, wird die Lichtmenge insgesamt um den Faktor 625, bei drei Prismen schließlich sogar um den Faktor 15625 reduziert, das entspricht einem Filter der Dichte 4,2. Die gleiche Wirkung hat ein sogenanntes

Abb. 45: Sonnenuntergang in Indien. Aufnahme auf Kodachrome 64. Brennweite f = 400 mm.
Bei Sonnenuntergang hat die Sonne meist die gleiche Helligkeit wie die Umgebung. Der Belichtungsmesser liefert also verläßliche Werte. Mit einem möglichst langen Tele lassen sich interessante Verformungen des Sonnenballs in Horizontnähe festhalten. Bei sehr gleichmäßiger Luftschichtung wird die Sonne zum Ellipsoid. Unmittelbar über der Meeresoberfläche liegende Temperatursprünge können der Sonne bizarre Formen geben.

45

Abb. 46: Sonnenuntergang in Indien. Aufnahme auf Kodachrome 64. Brennweite f = 400 mm.

46

47

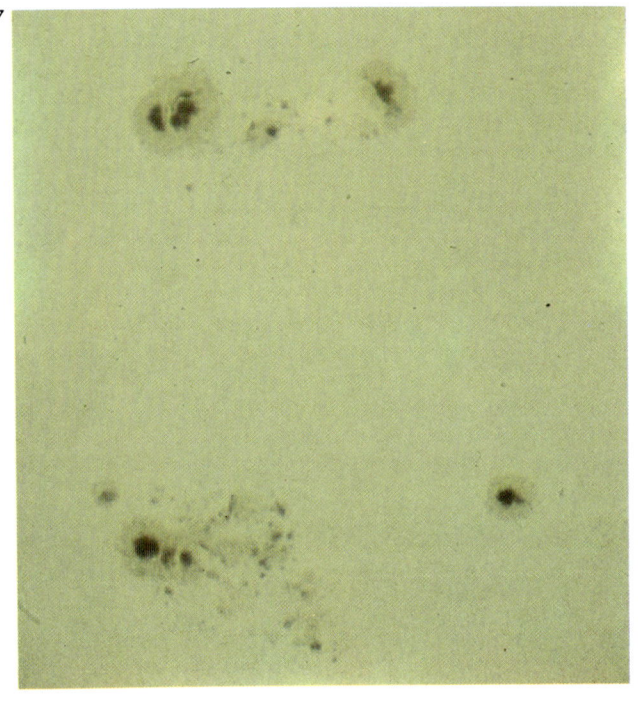

Abb. 47: Zwei große Sonnenfleckengruppen am 3. September 1980, fotografiert im Brennpunkt eines 225/3000-mm-Refraktors mit 2fach Barlow-Linse. Belichtungszeit 1/500 Sek. auf Agfachrome 50 S; das Sonnenlicht wurde mit einem Pentaprisma und nachgeschaltetem Polarisationsfilter abgeschwächt.

Abb. 48: Detailaufnahmen einer Sonnenfleckengruppe am ▶ 13.5.1979, aufgenommen mit einem 80/1000-mm-Refraktor mit Okularprojektion (f' = 13 m) Belichtungszeit 1/500 Sek., auf Agfaortho 25.

Pentaprisma mit fünf unverspiegelten Flächen, von denen drei zur Reflexion genutzt werden.

Läßt man das Licht dagegen unter einem Winkel von 57° auf eine unverspiegelte Prismenfläche fallen, kann man den Effekt der Polarisation durch Reflexion ausnutzen: das reflektierte Licht ist linear polarisiert und kann durch ein nachgeschaltetes Polarisationsfilter stufenlos abgedunkelt werden. Diese stufenlose Regelmöglichkeit ist vor allem bei Aufnahmen bei wechselnder Beleuchtungsstärke (Okularprojektion mit ihrer verschiedenen „Nachvergrößerung") von Vorteil.

Kamera plus Astro-Fernrohr als Teleobjektiv

Von der Ausrüstung her ist die Sonnenfotografie eine recht einfache Sache. Man braucht kein sehr großes Astro-Fernrohr, da man mit einem Objektivdurchmesser von 7 bis 8 cm bereits ein Auflösungsvermögen erreicht, das die von der Luftunruhe gesetzte Grenze nicht überschreitet; und eine Brennweite von 1 m führt immerhin

schon zu einem Sonnenbildchen von 9 mm Größe, auf dem man bei der Verwendung feinstkörniger Filme und entsprechender Nachvergrößerung noch genügend Einzelheiten erkennen kann. Schließlich kann man auch auf eine elektrische Nachführung verzichten, denn selbst 1/30 sec bei 1 m Brennweite „verreißt" noch nicht (bei längerer Brennweite verkürzt sich diese maximale Belichtungszeit entsprechend).

Wichtig ist allerdings ein gut funktionierender Kamera-Verschluß. Wenn man gezielt einen Fotoapparat für die Sonnenfotografie kaufen möchte, sollte man sich die Möglichkeit aushandeln, zunächst einen Testfilm belichten zu dürfen. Eine gleichmäßig helle Fläche wird dann mehrfach bei allen Verschlußzeiten belichtet, und nur, wenn die Aufnahmen überall gleich geschwärzt sind, kann man getrost zugreifen. Empfehlenswert ist auch eine Mattscheibe mit Klarfleck und eine Sucherlupe, damit man die Sonne wirklich exakt fokussieren kann. Wie gering die Fokustoleranz ist, zeigt eine Formel, die

48

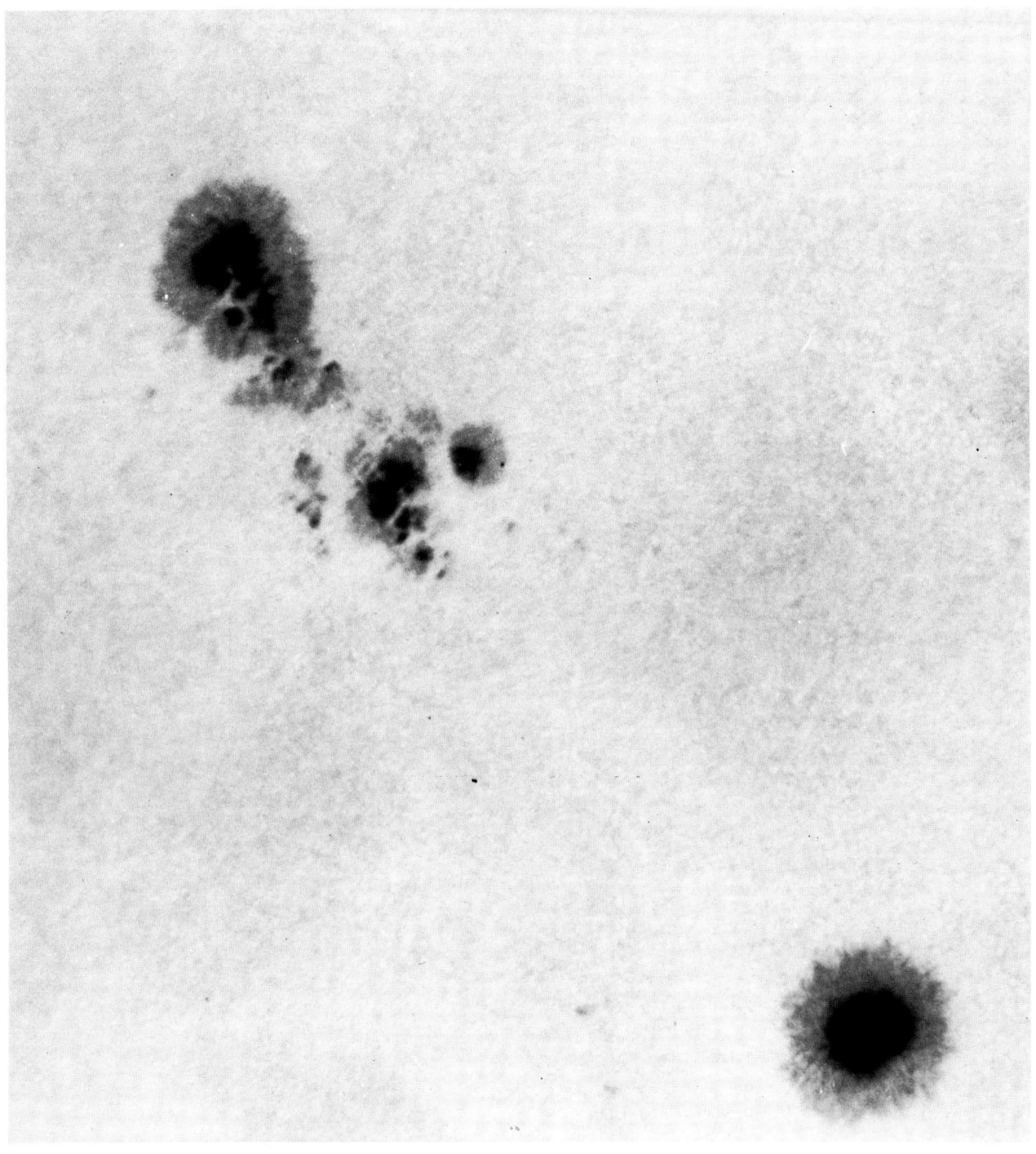

auf den englischen Physiker Lord John William Rayleigh (1842–1919) zurückgeht:

$$(21) \qquad \Delta f = 16 \frac{\lambda}{4} N^2$$

Δf = Fokustoleranz
λ = Wellenlänge des Lichts
N = Blendenzahl

Bei der Lichtwellenlänge λ = 560 Nanometer (entsprechend dem gelben Licht der Sonne) und einer Blendenzahl von 10 ergibt sich

$$(22) \qquad \Delta f = 0,2 \text{ mm}$$

Die Fokussierung muß also sehr genau gelingen, um hinreichend scharfe Sonnenbilder zu erhalten.

Ziele der Sonnenfotografie

Die Sonnenfotografie kann verschiedenen Zwecken dienen. Fast immer steht dabei die Überwachung der Sonnenaktivität im Mittelpunkt. Sichtbares – und damit fotografierbares – Zeichen dieser Sonnenaktivität sind die dunklen Sonnenflecken und die hellen Sonnenfakkeln, die jedoch nur auf Filteraufnahmen deutlich erkennbar werden.

Im Rahmen dieser Überwachung kann man die Positionen der Flecken bestimmen und ihre Eigenbewegung im Verlaufe mehrerer Tage ableiten (zum einen dreht sich die Sonne um ihre Achse, zum anderen bewegen sich die Sonnenflecken auf der Sonnenoberfläche). Man kann eine Sonnenfleckenstatistik erstellen und die Entwicklung einzelner Fleckengruppen verfolgen, indem man die Fleckenflächen ermittelt. Man kann die scheinbare Verformung der Sonnenflecken nahe dem Sonnenrand beobachten, die den Eindruck vermittelt, als seien Sonnenflecken Löcher in der Sonnenoberfläche (Wilson-Effekt). Diese und viele andere Einsatzmöglichkeiten der Sonnenfotografie sind im Handbuch der Sonnenbeobachtung beschrieben. (Siehe Anhang)

Detailaufnahmen durch Okularprojektion

In vielen Fällen wird ein Sonnenbildchen von 10 oder 20 mm Durchmesser nicht ausreichen. Will man beispielsweise Detailstrukturen der Sonnenflecken fotografieren, braucht man eine längere Brennweite; Werte im Bereich von 10 oder gar 20 m werden erforderlich. Sie sind für dem Amateur nur mit Hilfe einer Okularprojektion zu erzielen.

Aus der Grafik S. 35 erkennt man, daß nach dem Strahlensatz folgende Beziehung gilt:

$$(23) \qquad \frac{d_0}{d_1} = \frac{f_{Ok}}{a}$$

d_0 = Größe des Sonnenbildes im Fokus
d_1 = Größe des projizierten Sonnenbildes
f_{Ok} = Brennweite des Projektionsokulars
a = Abstand Okular – Film

Das projizierte Sonnenbildchen hat also die Größe

$$(24) \qquad d_1 = \frac{d_0 \cdot a}{f_{Ok}}$$

Für den Durchmesser des Sonnenbildchens im Fokus hatten wir die Beziehung

$$(25) \qquad d_0 = 0,0093 \cdot f_{Ob}$$

f_{Ob} = Brennweite des Objektivs
gefunden, so daß wir jetzt schreiben können

$$(26) \qquad d_1 = \frac{0,0093 \cdot f_{Ob} \cdot a}{f_{Ok}}$$

Da andererseits die Äquivalentbrennweite f_1 aus der Größe des projizierten Sonnenbildes bestimmt werden kann

$$(27) \qquad f_1 = \frac{d_1}{0,0093}$$

können wir schließlich die Äquivalentbrennweite aus den Größen f_{Ob} (Objektivbrennweite), f_{Ok} und a errechnen:

$$(28) \qquad f_1 = \frac{f_{Ob} \cdot a}{f_{Ok}}$$

Auch bei der Projektionsaufnahme muß die Kamera fest mit dem Fernrohr verbunden sein, nicht zuletzt, weil jetzt auch die Nachführung notwendig wird; bei 20 m Brennweite ist nur 1/600 sec ohne Nachführung „erlaubt"! Damit die mechanische Belastung der Verbindung (meist wird man auf Zwischenringe zurückgreifen) nicht zu groß wird, sollte der Abstand Okular—Filmebene nicht größer als etwa 10 cm gewählt werden. Ein längerer „Hebelarm" würde auch die Gleichgewichtslage des Tekeskops in der Deklinationsachse beeinträchtigen. Nehmen wir wieder unser Tekeskop mit 10 cm Öffnung und 100 cm Brennweite, so braucht man zur Erzielung einer Äquivalentbrennweite von 20 m und einem Maximalabstand Okular—Filmebene von 10 cm eine Okularbrennweite von

$$(29) \qquad f_{Ok} = \frac{f_{Ob} \cdot a}{f_1} = \frac{100 \cdot 10}{2000} = 0,5 \text{ cm}$$

Über die Eignung solch kurzbrennweitiger Okulare gehen die Meinungen auseinander. Versuchen sollte man es aber ruhig. Versuchen sollte man auch den Einsatz von Mikroskop-Okularen, die meist besser korrigiert sind. Zu beachten ist aber auf jeden Fall, daß man unverkittete Okulare benutzt—die Nähe zum Primärfokus ist zu groß, als daß ein verkittetes Okular der dort entstehenden Hitze widerstehen könnte. Kellner-Okulare und orthoskopische Okulare fallen also von vornherein aus. Bei einer Äquivalentbrennweite von 20 m und 10 cm Öffnung beträgt die Blendenzahl 200. Setzen wir diesen Wert in die Formel für die Belichtungszeit ein, so zeigt sich, daß bei Verwendung des gleichen Objektivfilters (Dichte 4) die Belichtungszeit zu lang wird, um die atmosphärisch bedingte Unschärfe zu „verringern":

$$(30) \qquad t = \frac{1 \text{ lxsec} \cdot 25 \cdot F \cdot N^2}{50000 \text{ lx} \cdot 11500 \cdot E} = 0,7 \text{ sec (bei 25 ASA)}$$

F = Filterfaktor
N = Blendenzahl
E = Filmempfindlichkeit

Um auf Werte im Bereich 1/1000 sec zu kommen, muß man also die Filterdichte auf 1 bis 2 reduzieren. Das heißt aber, daß ein beachtlicher Teil des auftreffenden Lichtes und der Wärme in das Teleskop eindringt und hier Störungen hervorrufen kann.

Noch schlimmer werden die Turbulenzen zwar, wenn man in diesem Fall auf das Objektivfilter ganz verzichtet und statt dessen ein entsprechendes Rot- oder Orangefilter vor das Projektionsokular setzt; dafür ist der Durchmesser des Strahlenbündels hier so gering, daß man mit einem normalen – und billigeren – Foto-Filter auskommt, sowohl was die Größe als auch die Qualitätsanforderungen angeht.

Bei solchen Aufnahmen ohne Objektivfilter braucht man viel Zeit und Geduld, da man möglichst günstige Zeitpunkte abwarten muß. Am besten läßt man nach der ersten Ausrichtung auf die Sonne ein paar Minuten verstreichen, bis die Wärme-Einflüsse auf das Objektiv sich voll bemerkbar machen; während dieser Zeit sollte man beständig zu fokussieren versuchen und den Drahtauslöser schußbereit halten. Da damit beide Hände belegt sind, kommt man nun nicht mehr ohne automatische Nachführung aus. Wenn dann schließlich das Bild an Schärfe gewinnt und ein turbulenzarmer Moment erreicht ist, muß man abdrücken. Nun folgen mehrere Aufnahmen hintereinander, bis das Bild wieder merklich unscharf wird; dann ist das Objektiv zu heiß geworden. Man sollte jetzt das Fernrohr für eine Zeitlang von der Sonne wegrichten. Günter Nemec, ein „Pionier" der Amateur-Sonnenfotografie, empfiehlt als Pausendauer eine Zeit, die der Länge der vorausgegangenen Aufnahmeserie entspricht.

Die schwarze Sonne

Mindestens zweimal im Jahr zieht der Neumond von der Erde aus gesehen ziemlich genau zwischen Sonne und Erde hindurch. Sein Schatten löst dann eine Sonnenfinsternis aus. Da Sonne und Mond am Himmel nahezu den gleichen scheinbaren Durchmesser besitzen, dunkelt der Mond bei einer totalen Sonnenfinsternis die Sonnenscheibe für kurze Zeit fast deckungsgleich ab. Wäh- 67 rend dieser Periode, die zwischen Sekundenbruchteilen und etwa 7 Minuten dauern kann, wird die äußere Sonnenatmosphäre, die sogenannte Korona, sichtbar.

Zwar sind die fotografisch ergiebigsten Sonnenfinsternisse des Jahrhunderts bereits vorüber: die letzte große war am 30. Juni 1973 in Westafrika mit einer Dauer von knapp über 7 Minuten zu beobachten und brachte selbst in Ostafrika noch etwa 4 Minuten Totalitätsdauer, und die nächste totale Sonnenfinsternis in Deutschland wird erst am 11. August 1999 eintreten (Dauer knapp 2 Minuten), doch gibt es auch bis dahin noch einige Möglichkeiten, ein solches Ereignis zu verfolgen — man muß halt nur ein bißchen weiter reisen (vergl. Tabelle 9).

Tabelle 9: Totale Sonnenfinsternisse bis 1990

31. 7. 1981	Sowjetunion	
11. 6. 1983	Indonesien	
30. 5. 1984	Süden der USA (ringförmig-total)	
22. 11. 1984	Neuguinea	
29. 3. 1987	Zentralafrika (ringförmig-total)	
18. 3. 1988	Sumatra	
22. 7. 1990	Finnland	

Sonnenfinsternisse kann man mit jeder Optik sinnvoll fotografieren:

— Mit einem Normal- oder gar Weitwinkelobjektiv läßt sich die Dunkelheit des Himmels um die verfinsterte Sonne herum dokumentieren; je nach Breite der Totalitätszone ist der Horizont rundherum bereits mehr oder minder stark aufgehellt. Außerdem läßt sich durch Mehrfachbelichtung eine Serienaufnahme der gesamten Finsternis erreichen, wobei zu beachten ist, daß die Sonne in der partiellen Phase vor und nach der Totalität etwa 45° über den Himmel wandert.

— Mit einer Teleoptik kann man die Wanderung des Mondrandes über die Sonnenscheibe und seinen „Kontakt" mit eventuell vorhandenen Sonnenflecken festhalten. Während der totalen Phase bringen die unterschiedlichen Belichtungszeiten eine verschieden weit in den Raum hinausreichende Sonnenkorona.

— Mit einem Fernrohr als Teleobjektiv lassen sich Details am Rand der verfinsterten Sonne gut erfassen, sogenannte Protuberanzen (Gasauswürfe an der Sonnenoberfläche) und Unebenheiten des Mondrandes (Berge und Täler), die unmittelbar zum Beginn und zum Ende der Totalität eine Art „Perlschnurphänomen" hervorrufen: durch die Einschnitte zwischen den Mondbergen kann noch ein letzter Sonnenstrahl „durchhuschen", während der Rest der Sonne bereits völlig abgedunkelt ist.

— Mit einem Prisma vor dem Teleobjektiv kann man unmittelbar nach dem zweiten Kontakt (Beginn der Totalität) und vor dem dritten Kontakt (Ende der Totalität) ein Spektrum der unteren Sonnenatmosphäre, der sogenannten Chromosphäre, aufnehmen. Dieses Spektrum enthält — anders als das normale Sonnenspektrum und die meisten Sternspektren (vergl. S. 101) — helle Linien, sogenannte Emissionslinien.

Da Sonnenfinsternis-Aufnahmen oft mit weiten Reisen und großem Aufwand verbunden sind, muß man das Fotoprogramm sehr sorgfältig planen. Anfänger neigen dazu, sich zuviel vorzunehmen, und dann klappt schließlich gar nichts. Mehr als zwei Programme kann ein einzelner nicht bewältigen, wenn er sich auch noch Zeit zur Beobachtung mit dem bloßen Auge oder einem Fernglas

Abb. 49 a-e: Sonnenfinsternis am 16. Februar 1980 in Indien. Aufnahme auf Kodachrome 64 mit 400-mm-Objektiv, Bl. 6,5.
a) Die Belichtungszeit betrug 1/500 Sek. Unmittelbar vor der Totalität leuchtet am Mondrand eine Perlschnur auf: Die letzten Sonnenstrahlen fallen durch die Täler auf dem Mond.
b) Die Belichtungszeit betrug für diese Aufnahme 1/250 Sek. Am Mondrand sieht man einige rote Lichter: Protuberanzen. Darüber strahlt der innere Bereich der Korona.
c) Die Belichtungszeit betrug jetzt bereits 1/60 Sek. Mit wachsender Belichtungszeit werden immer weiter außen liegende Bereiche der Korona erfaßt. Die Protuberanzen sind inzwischen überbelichtet und dadurch „verschwunden".
d) Bei der langen Belichtungszeit von 1/4 Sek. werden die äußeren Strahlen der Korona sichtbar.
e) Nun beträgt die Belichtungszeit wieder 1/500 Sek. Der erste Sonnenstrahl bricht gerade am oberen Rand hervor. Bei der kurzen Belichtungszeit sind die Protuberanzen wieder sichtbar, diesmal mehr im oberen Bereich.

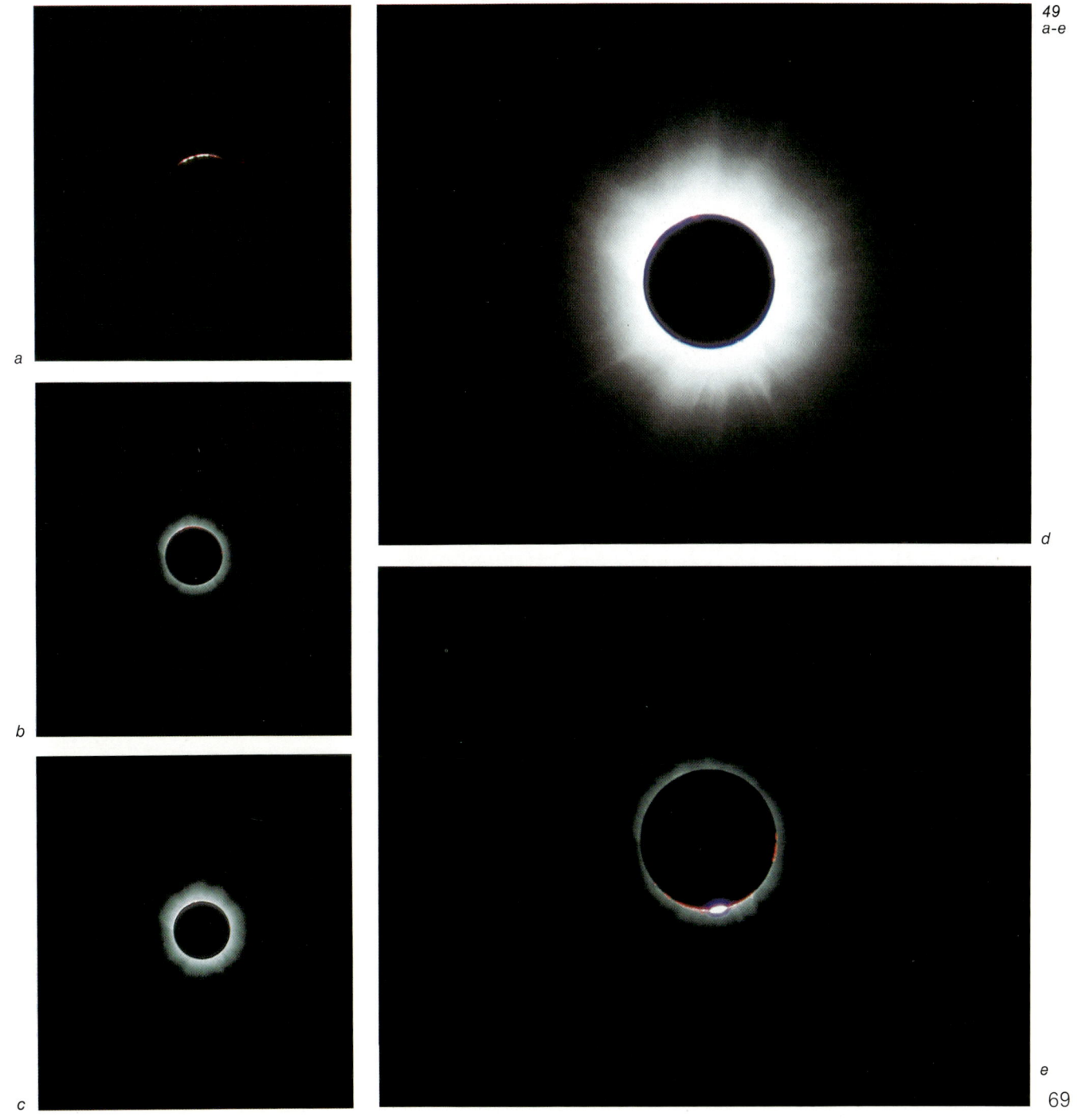

a

b

c

d

e

lassen will. Die kostbare Zeit der totalen Verfinsterung erfordert höchste Konzentration und völlige Beherrschung sämtlicher Handgriffe. Am besten übt man den ganzen Ablauf im Dunkeln so oft, bis er „in Fleisch und Blut" übergegangen ist.

Entsprechend wichtig ist es, die Aufnahmen gleich mit der richtigen Belichtungszeit zu machen, damit man nicht die ganze Zeitenskala durchspielen muß – dazu bleibt oft nicht die Zeit.

Aufnahmen der partiellen Phase sind gewöhnliche Sonnenaufnahmen. Für sie gelten daher die „normalen" Belichtungszeiten. Zwar wird die Sonne allmählich abgedunkelt, doch nimmt ja auch die Fläche des Sonnenbildchens auf dem Film im gleichen Maße ab. Um Belichtungszeiten für die totale Verfinsterung aus der bekannten Formel ableiten zu können, müssen wir entsprechende Lux-Werte für die einzelnen Bereiche der Korona angeben. Bei diesen Werten handelt es sich jedoch nicht um wirkliche Beleuchtungsstärken, da in unserer Formel die Größe des Sonnenbildchens und nicht die Ausdehnung der Korona enthalten ist. Die folgende Tabelle 10 gibt also die für unsere Belichtungsformel korrigierten Werte der Beleuchungsstärken an:

Tabelle 10

partielle Phase	50 000 lx
Protuberanzen	0,1–0,2 lx
innere Korona	0,02 lx
äußere Korona	0,002 lx

Bei einer Teleoptik mit 300 mm Brennweite und Blende 5,6 muß man auf einem 25-ASA-Film 1/60 sec belichten, um die Protuberanzen festzuhalten, 1/8 Sekunde für die innere Korona und etwa 1 bis 2 sec für die äußere Korona. In dieser Zeit bewegt sich die Sonne aber bereits um 1/60 ihres scheinbaren Durchmessers am Himmel weiter, und das macht bei einer Brennweite von 300 mm immerhin 0,04 mm aus, liegt also deutlich über dem Auflösungsvermögen eines gering empfindlichen Films und führt dadurch zu Bewegungsunschärfe.

Man wird daher gut daran tun, einen empfindlicheren Film zu benutzen, um zu einer kürzeren Belichtungszeit zu kommen. Bei 64 ASA reichen bereits 0,5 sec für die äußere Korona, bei 100 ASA 0,3 sec, und bei 400 ASA schließlich kommt man mit 1/15 sec völlig aus, um die äußere Korona voll zu erfassen.

Wenn die Totalität ausreichend lange dauert (2 Minuten und mehr), kann man mit einem derart hochempfindlichen Film eine Art Isophoten (= Linien gleicher Helligkeit)-Serie der Korona aufnehmen. Man beginnt bei kürzesten Belichtungszeiten (mit 1/1000 sec erreicht man bei Blendenzahl 5,6 bereits die Protuberanzen) und verdoppelt die Zeit von Aufnahme zu Aufnahme. So wird man zunehmend lichtschwächere Bereiche der Korona erfassen und kann später durch Umfahren der jeweils sichtbaren Ränder die Zonen gleicher Helligkeit abgrenzen. Dieses einfache Verfahren ist zwar zeitraubender als die Äquidensitenmethode, führt aber zum gleichen Ergebnis.*

Besonders reizvoll sind Zeitraffer-Filme einer Sonnenfinsternis. Während der partiellen Phase wird man je nach gewünschter Filmlänge im Abstand von 60 bis 100 sec eine Einzelbildaufnahme machen, während man die Totalität und die Sekunden vor- und nachher, je nach Totalitätsdauer, mit 12 oder 18 Bildern pro Sekunde aufnimmt. Allerdings ist hierbei eine möglichst exakte Nachführung notwendig, damit die Sonne während der zeitgerafften partiellen Phasen nicht hin und her springt. Da bei einer Filmkamera die Belichtungszeit normalerweise vorgegeben ist, muß man hier die Belichtung durch die Blendenzahl regulieren, unsere bekannte Formel also etwas umschreiben:

$$(31) \qquad N = \sqrt{\frac{I \cdot 11500 \cdot E \cdot t}{25\ \text{ASA}}}$$

N = Blendenzahl
I = Beleuchtungsstärke
E = Filmempfindlichkeit in ASA
t = Belichtungszeit

---

* Die Äquidensitenmethode wird in einer Agfa-Broschüre ausführlich dargestellt.

50

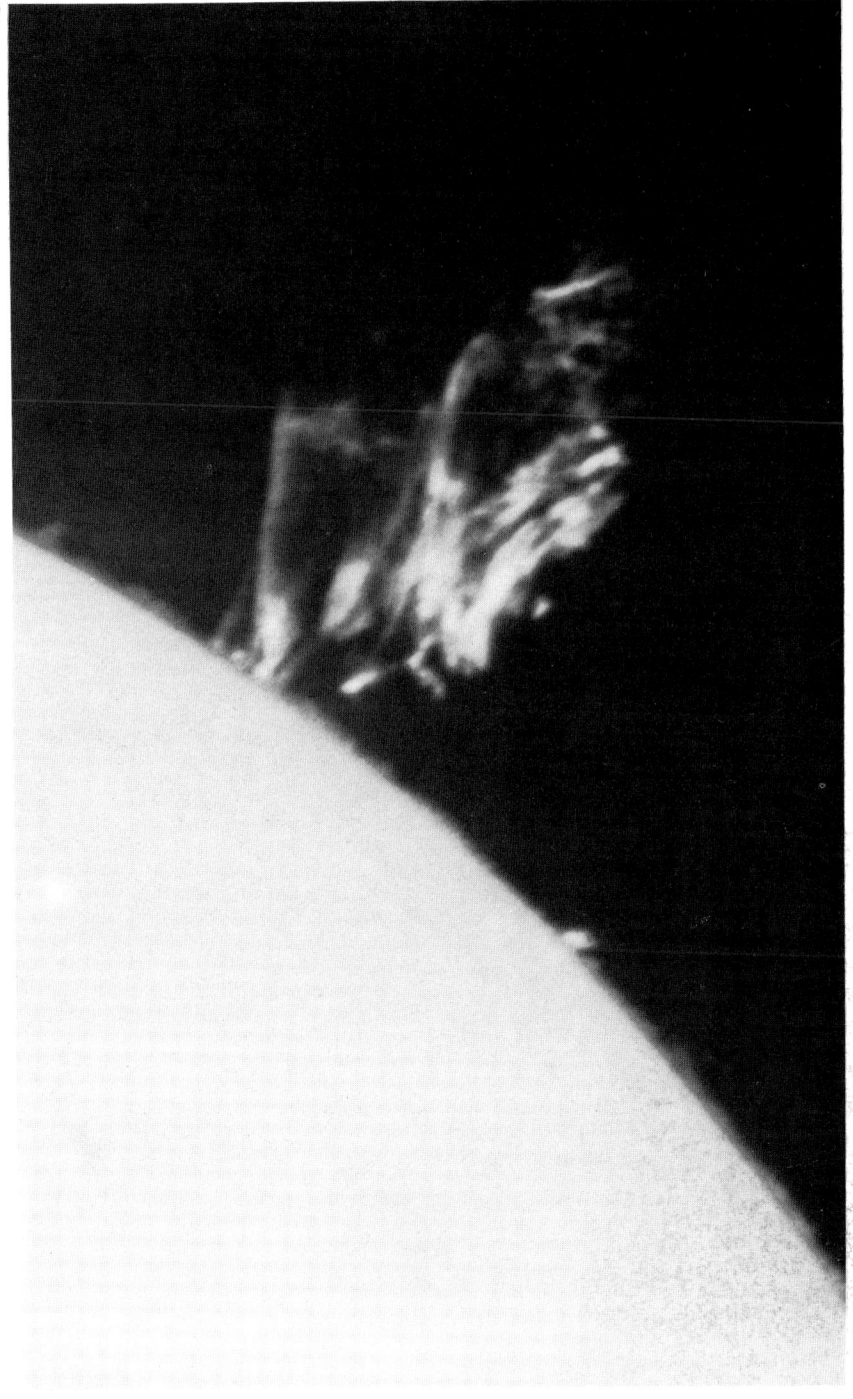

Abb. 50: Rund 227000 Kilometer erhebt sich diese Protuberanz über den Sonnenrand. Sie wurde am 15.6.1980 mit einem Schiefspiegler von 23 cm Öffnung und 4,6 m Brennweite fotografiert; Belichtungszeit 0,1 Sek. auf Kodak SO-115 unter Verwendung eines H-Alpha-Filters von 0,09 nm Halbwertsbreite in Kombination mit RG 645/II.

Entsprechend muß man die Blendenzahl verändern, wenn man sowohl die Protuberanzen als auch die Korona aufnehmen möchte.

Nur zweimal, nämlich unmittelbar nach dem 2. Kontakt und vor dem 3. Kontakt, bietet sich für einige wenige Sekunden die Gelegenheit, die innere Sonnenatmosphäre – die Chromosphäre – zu sehen. Wenn man ihr Spektrum aufnimmt, erkennt man helle Spektrallinien. Da der Mondrand und der Chromosphärenrand eine Art natürlichen Lichtspalt bilden, genügt ein einfaches Prisma vor dem Objektiv, die gleiche Einrichtung also, die für die Erzeugung von Sternspektren eingesetzt wird (siehe dort). Die Belichtungszeit ist dann abhängig von der Spektrengröße, die durch das verwendete Glasprisma und die benutzte Objektivbrennweite bestimmt wird, von der Filmempfindlichkeit und dem (effektiven) Objektivdurchmesser, der von der Größe des Prismas abhängt. (Siehe „Sternspektroskopie"!) Dann gilt:

$$(32) \qquad t = \frac{25}{V \cdot E} \quad \text{mit}$$

$$(33) \qquad V = \frac{F_{Ob}}{F_S}$$

und $F_S = 0,0093\, f \cdot l_S$ (die Spektrenlänge l_S mißt man am besten vorher aus).

Damit man den richtigen Aufnahmezeitpunkt nicht verpaßt, empfiehlt sich der Einsatz einer Kamera mit Winder oder Motor, der schnelle Aufnahmeserien erlaubt. Wenn die Einzelbilder zeitlich dicht aufeinanderfolgen, kann man mit einer „Ungenauigkeit" von einigen Sekunden auslösen und dennoch auf ein befriedigendes Ergebnis hoffen.

Wer Protuberanzen nicht nur während totaler Sonnenfinsternisse beobachten und fotografieren möchte, sie vielleicht sogar kontinuierlich verfolgen und überwachen will, braucht entweder ein spezielles Protuberanzen-Fernrohr (auch als Ansatz an das vorhandene Fernrohr möglich) oder ein engbandiges Filter im Bereich der Wasserstoff-Alpha-Linie um 656 Nanometer. Das Protuberanzen-Fernrohr, das mit einer Kegelblende in einer Zwischenabbildung das Sonnenbild abdunkelt, erzeugt

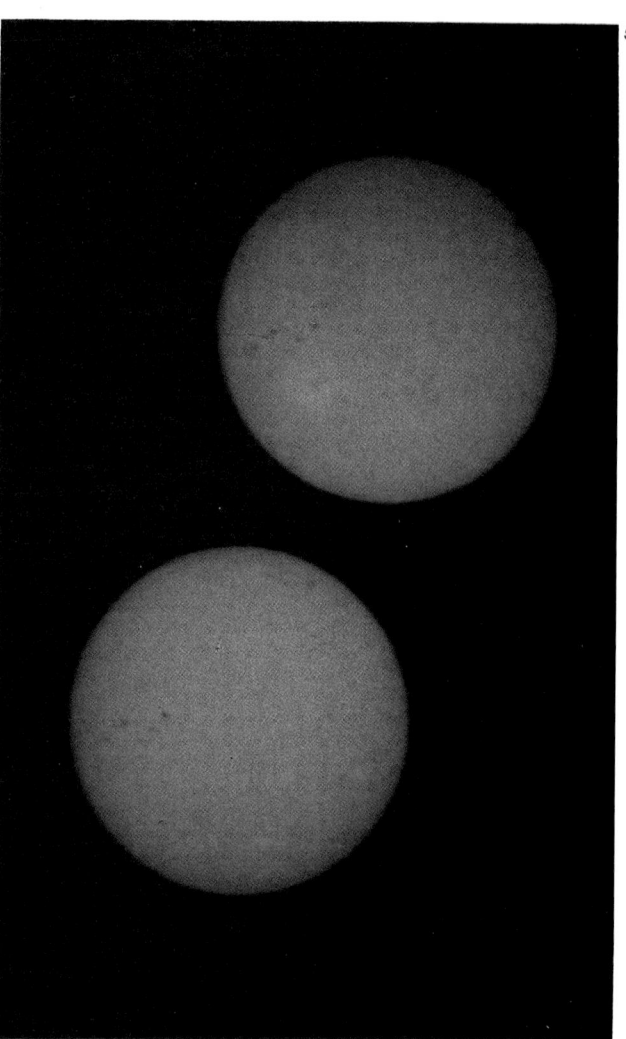

Abb.51: Die Sonne am 5. 4. 1980. Die Doppelbelichtung erlaubt die Eichung der Himmelsrichtung und damit der Sonnenkoordinaten, so daß eine Positionsbestimmung der Sonnenflecken möglich wird. Die Aufnahme wurde zweimal 1/50 Sek. im Brennpunkt eines Celestron 5-Teleskops auf Agfachrome 50 S belichtet.

gewissermaßen eine künstliche Sonnenfinsternis. Man braucht aber schon eine möglichst klare Luft, um trotz des Streulichts in der Erdatmosphäre die Protuberanzen am Sonnenrand erkennen und fotografieren zu können. Das störende Streulicht läßt sich allerdings durch ein H-Alpha-Filter mit großer Halbwertsbreite (Durchlässigkeit) reduzieren; die Mehrkosten sind nicht sehr hoch, da „breite" Filter vergleichsweise billig sind. Außerdem sind mehrere Kegelblenden notwendig, da der scheinbare Sonnendurchmesser aufgrund der elliptischen Erdbahn im Laufe eines Jahres zwischen 1955 und 1890 Bogensekunden schwankt.

Demgegenüber hat ein enges H-Alpha-Filter den Vorteil, daß man neben den Protuberanzen am Sonnenrand auch noch Details auf der Sonnenoberfläche beobachten und fotografieren kann; das Filter reduziert ja lediglich die ankommende Lichtmenge und unterdrückt das atmosphärische Streulicht völlig. Mit einem solchen Filter kann man die Protuberanzen sogar vor der Sonnenscheibe verfolgen – sie sind dann als dünne schwarze Linien zu sehen, als sogenannte Filamente. Die Halbwertsbreite des Filters sollte allerdings 0,1 nm nicht überschreiten. Entsprechend tiefer muß man im Verhältnis zu einem Filter mit 10 nm HWB, der für ein Protuberanzenfernrohr ausreicht, in die Tasche greifen: ein Filter mit 10 nm HWB ist schon für wenig mehr als 100 DM zu haben, 0,1 HWB kosten dagegen etwa 2000 DM.

Die Sonne – unser Zentralstern

Sonnenfotos müssen nicht immer nur dem Zwecke der Sonnenforschung dienen. Man kann auch andere astronomische Ziele mit der Sonnenfotografie verfolgen oder einfach nur ästhetisch schöne Bilder anstreben – etwa von Sonnenuntergängen. (Was nicht heißen soll, daß nicht auch Astrofotos „schöne Bilder" sein können!) Hier ist der Phantasie des Fotografen keine Grenze gesetzt.

Eine dieser Möglichkeiten soll noch kurz vorgestellt werden: die „Fotografie der Jahreszeiten". Hierbei geht es nicht so sehr um die unterschiedlichen Erscheinungen der Jahreszeiten auf unserem Planeten, sondern vielmehr um die Dokumentation ihrer astronomischen Ursache. Der Wechsel zwischen Sommer, Herbst, Winter und Frühling ist ja auf die unterschiedliche Höhe der Sonne am Himmel zurückzuführen: durch die kreiselartige Bewegung der Erdachse scheint das Tagesgestirn im Sommer ziemlich hoch an den Himmel zu steigen und brennt mittags in recht steilem Winkel auf uns herab; im Winter dagegen zieht die Sonne nur einen flachen Bogen über den Horizont, und ihr Licht trifft recht flach auf.

Eine interessante Aufnahmeserie ist nun, die Mittagshöhe der Sonne möglichst lückenlos das Jahr über zu fotografieren. Dazu muß man – immer um die gleiche Uhrzeit und immer mit der gleichen Kameraeinstellung (Bildausschnitt) – die Landschaft Richtung Süden aufnehmen. Damit die Sonne im Sommer wie im Winter in den gleichen Bildausschnitt „hineinpaßt" und außerdem noch ein Stück Horizont zu erkennen ist, muß man in unseren geografischen Breiten eine Brennweite von 28 mm für das Kleinbild-Hochformat wählen. Das Sonnenbildchen wird dann zwar nur etwa einen Viertel Millimeter groß, doch wir wollen ja auch keine Einzelheiten auf der Sonne erkennen. Die Brennweite reicht aber aus, um bei 20facher Nachvergrößerung (etwa durch Diaprojektion) Positionsänderungen in der Größenordnung von $1/10°$ ($\triangleq$ 1 mm) zu erkennen. Damit läßt sich die Höhenänderung der Sonne während der meisten Zeit des Jahres schon von einem Tag auf den anderen bestimmen; lediglich um die Zeit der Sonnenwenden im Juni und Dezember ist die tägliche Höhenänderung kleiner als $1/10°$. Wer die Aufnahmen immer exakt zur gleichen Uhrzeit macht – etwa regelmäßig um 12 Uhr MEZ (während der Sommerzeit um 13 Uhr) –, wird noch eine weitere Positionsänderung der Sonne erkennen: auch die Richtung der Sonne verändert sich im Laufe eines Jahres, pendelt etwas unregelmäßig um eine Mittellage. Es zeigt sich also, daß die Sonne keineswegs immer zur gleichen Zeit ihre Mittagsstellung (die höchste Position über dem Horizont) erreicht, also nicht immer „pünktlich" im Süden im „Meridian" steht. Entsprechend gehen auch die Sonnenuhren, die ihre Zeit ja entsprechend der Position der Sonne am Himmel anzeigen, im gleichen Sinne unge- 73 nau: die Abweichungen können bis zu 16,5 Minuten betragen.

Grund dafür ist zum einen die elliptische Bahn der Erde um die Sonne. Sie führt dazu, daß die Erde im sonnennahen Teil ihrer Bahn schneller wandert und die Sonne etwas „nachgeht", während die Erde im sonnenfernen Bereich langsamer dahinzieht und die Sonne wieder „aufholen" und „vorgehen" kann. Dieser jährlichen Schwankung ist noch eine zweite Halbjahresperiode überlagert, die durch die Schiefstellung des Erdäquators zur Ebene der Erdbahn hervorgerufen wird. Den jeweiligen Tageswert der sogenannten Zeitgleichung kann man den astronomischen Jahrbüchern entnehmen.

Reizvoll ist schließlich auch die fotografische „Kontrolle" der Auf- bzw. Untergangsposition der Sonne. Im Winter führt der flache Bogen der Sonnenbahn dazu, daß die Sonne im Südosten auf- und im Südwesten untergeht, während sie im Sommer im Nordosten über den Horizont steigt und im Nordwesten wieder versinkt. Bei dieser Aufnahmereihe wird man sich allerdings schwertun, den Horizontausschnitt über das ganze Jahr gleich zu halten, denn Auf- bzw. Untergangspunkte der Sonne im Winter und im Sommer liegen bei uns fast 80° auseinander. Man wird beim Kleinbildformat also auf ein Superweitwinkel-Objektiv von 20 mm Brennweite (oder weniger) zurückgreifen müssen.

Bei der Belichtung solcher „Meßaufnahmen" kommt es nicht so sehr auf die Abbildung der Sonne, als vielmehr auf eine deutliche Zeichnung der Landschaft mit den Bezugspunkten für die Positionsbestimmung an. Man wird also die Belichtung mit der Sonne im Rücken messen und dann ungeachtet einer Überstrahlung der Sonne fotografieren. Je nach Kamera gibt es noch die Möglichkeit einer Gegenlichtkorrektur, sei es durch Gegenlichttaste oder Memory-Lock. Eine weitere Möglichkeit bietet sich an, wenn die Landschaft einige markante, über den Horizont ragende Bezugspunkte aufweist – etwa Kirchtürme, Hochspannungsmasten und dergleichen. Man kann dann ohne weiteres die Landschaft bis zur Silhouette unterbelichten, ohne auf diese Bezugspunkte verzichten zu müssen. Zur konstanten Reproduktion des jeweiligen Horizontausschnittes kann man eine Kontrollaufnahme anfertigen oder einige markante Randpunkte des Bildes aufzeichnen und die Kamera jedesmal wieder danach ausrichten.

Wer für die Meridianaufnahmen die genaue Südrichtung der Sonne (ohne Berücksichtigung der periodischen Schwankungen) festhalten will, kann sich die Aufnahmezeit einfach ausrechnen. Man braucht dazu nur die geografische Länge des Beobachtungspunktes zu nehmen, sie von 15 Grad östlicher Länge (dem Bezugspunkt für unsere Mitteleuropäische Zonenzeit) abzuziehen und die Differenz mit 4 Minuten malzunehmen. Wenn man diese Zeit zu 12 Uhr addiert (während der Sommerzeit zu 13 Uhr) erhält man den „mittleren Ortsmittag".

Für einen Beobachter in Köln (geografische Länge 7° östlich von Greenwich) steht die Sonne demnach im Mittel um

12 (13) Uhr + (15–7) x 4 Minuten = 12.32 (13.32) Uhr

im Meridian, während ein Fotograf in Hamburg (geografische Länge 10°) bereits um 12.20 (13.20) Uhr auslösen muß.

52

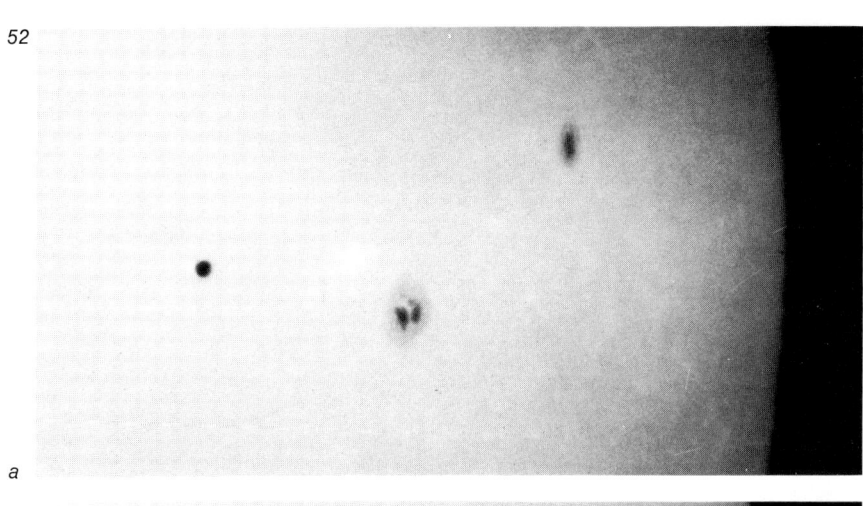

a

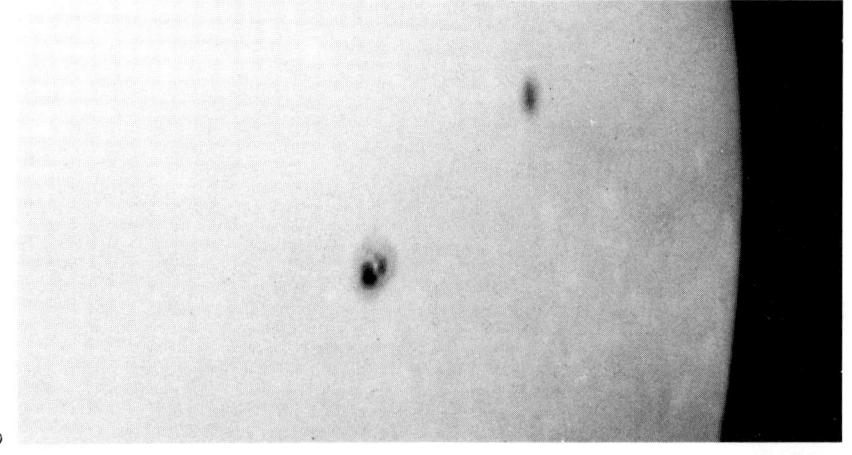

b

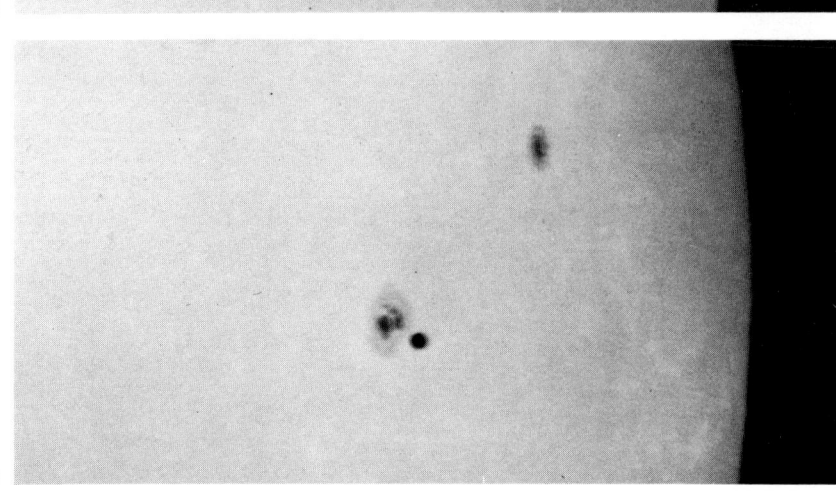

c

Abb. 52 a-c: Merkurdurchgang am
9. Mai 1970, aufgenommen mit einem 6"-
Newton-Reflektor. Die Brennweite wurde
durch Okularprojektion auf 4,5 m
verlängert. Belichtung 1/250 Sek.
auf Agfa IF
a) 1970, Mai 9, 11 h 11 m MEZ
b) 1970, Mai 9, 11 h 53 m MEZ
c) 1970, Mai 9, 12 h 02 m MEZ

Abb. 53: Der Planet Jupiter, aufgenommen mit einem 200/1500-mm-Newton-Reflektor mit Okularprojektion (f ' = 30 m). Bei Okularprojektion erscheint das Bild um 180° gedreht (Süden ist oben). Belichtungszeit 1 Sek. auf Agfa Record.

53
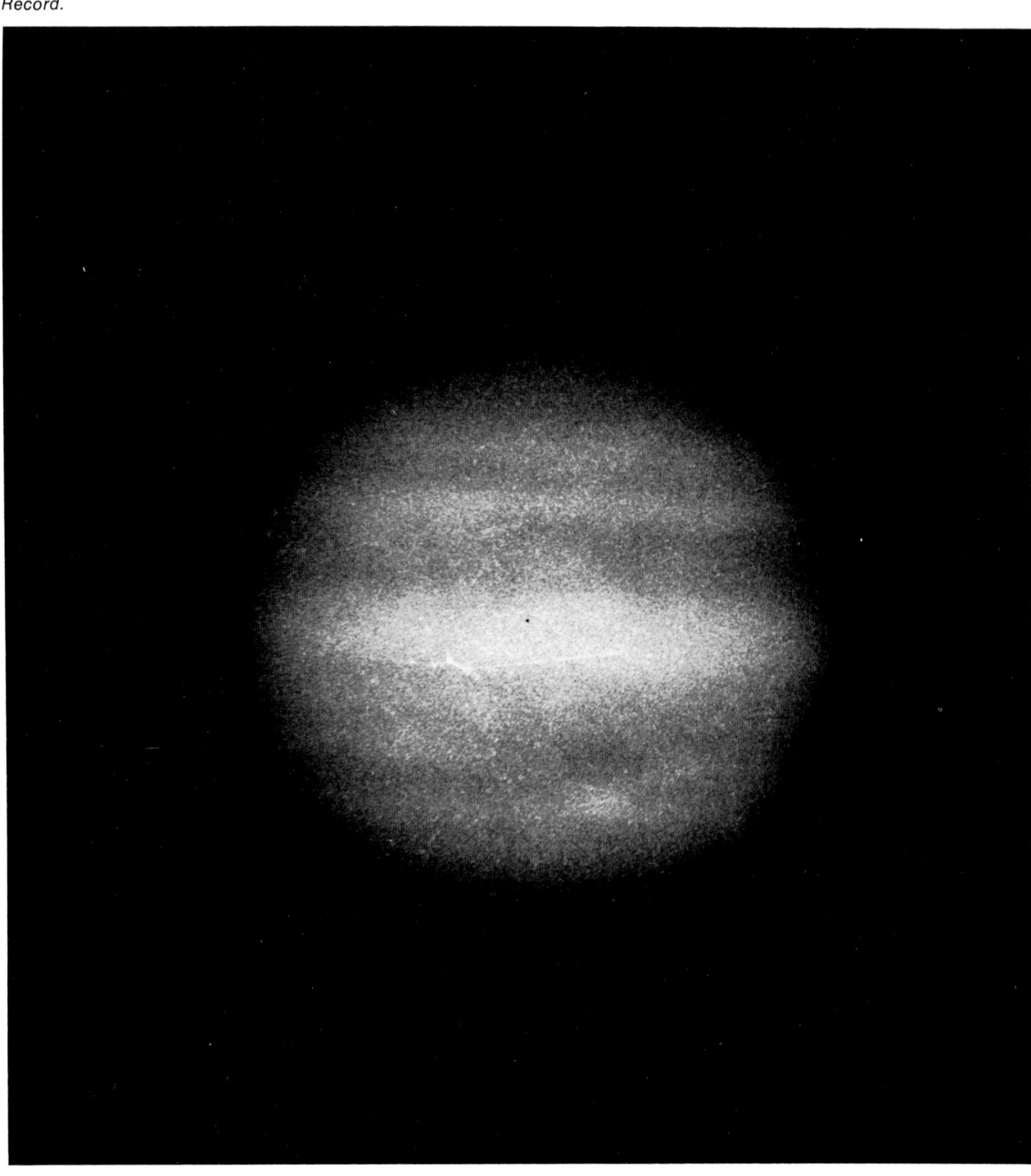

Planetenfotografie

Den Himmelsbeobachtern der Frühgeschichte werden einige „Sterne" besonders aufgefallen sein: im Gegensatz zu den meisten Lichtpunkten am nächtlichen Firmament verändern sie ihre Position, wandern durch die Sternbilder. Diese Bewegung hat ihnen auch ihren Namen eingebracht – gemeint sind die Planeten, die Wandel„sterne" (nach dem griechischen Wort für „Irrläufer"); und wirklich scheinen sie seltsame Wege zu gehen. Sie bewegen sich die meiste Zeit „rechtläufig" vor den Hintergrundsternen, also von West nach Ost, bleiben dann stehen, kehren für eine Zeitlang um, halten erneut inne und setzen schließlich den Weg in der ursprünglichen Richtung fort. Diese Schleifenbahnen haben die griechischen Astronomen der Antike so „genarrt", daß sie komplizierte Hilfskonstruktionen erdenken mußten, um in der Lage zu sein, ein „Weltmodell" entwickeln zu können.

Heute wissen wir, warum die Planeten ihre rechtläufige Bewegung vorübergehend in eine rückläufige umkehren: sie werden von der Erde auf der „Innenbahn" überholt bzw. – und das gilt nur für Venus und Merkur, die noch innerhalb der Erdbahn um die Sonne kreisen – überholen die Erde auf der Innenbahn. Trotzdem ist die Beobachtung dieser Schleifenbahnen auch heute noch reizvoll, besonders dann, wenn sie in der Nähe einiger heller Fixsterne liegen. Der regelmäßige Vergleich des Planetenortes mit den Positionen der Sterne läßt dann die Bewegungsumkehr und die Geschwindigkeitsänderung des Planeten deutlich werden.

Entsprechend bietet sich, vor allem für den Anfänger, die fotografische Dokumentation solcher Schleifenbahnen als einfachste Planetenfotografie geradezu an. Man braucht dazu kein Fernrohr und keine Nachführung und kann – bei entsprechender Auswertung – trotzdem einiges über den Planeten in Erfahrung bringen. Zum Beispiel läßt sich aus der täglichen Wanderung die Geschwindigkeit des Planeten ableiten und damit die Entfernung zur Sonne, so daß man daraus auch ohne Jahrbuch ermitteln kann, welchen Planeten man fotografiert hat.

Solche Positionsaufnahmen sind gewöhnlich Sternfeld-Fotografien. Man bedient sich auch hierbei einer Kamera mit Normalobjektiv. Die Belichtung der Planeten stellt keine ungewöhnlichen Ansprüche; sie sind ausreichend hell. Wichtig ist aber, daß man genügend Vergleichssterne mit auf den Film bannt, um die Bewegung des Planeten auch abmessen zu können. Ein lichtstarkes Objektiv ist daher schon empfehlenswert, ebenso ein hochempfindlicher Film. Beides zusammen ermöglicht Belichtungszeiten, die eine ruhende Kamera ohne Nachführung erlauben (vgl.: „Die eigene Sternkarte").

Wie groß muß nun der zeitliche Abstand zwischen zwei Aufnahmen sein, damit bei Verwendung eines Normalobjektivs mit 50 oder 55 mm Brennweite die Planetenbewegung überhaupt sichtbar wird. Bei 15facher Nachvergrößerung des Kleinbildnegativs auf 18 x 24 cm oder bei der Diaprojektion ist eine Positionsänderung von 5 mm sicher deutlich erkennbar; auf dem Filmbildchen ist dieser Betrag natürlich 15mal kleiner, also 0,33 mm. Über die bekannte Beziehung

$$(34) \qquad \varrho = \frac{360° \cdot 0,33}{2\pi f}$$

erhalten wir als „Mindestwert" für die Planetenwanderung etwa 0,4°. Die „mittlere" Bewegung eines Planeten pro Tag läßt sich aus seiner Umlaufzeit um die Sonne bestimmen. Mars, der beispielsweise 687 Tage für einen Sonnenumlauf braucht, zieht pro Tag im Mittel um 360° dividiert durch 687 Tage weiter, also um 0,52°. Jupiter dagegen benötigt fast 12 Jahre für eine Sonnenumrundung – er zieht demnach nur 360° dividiert durch 4300 oder 0,084° pro Tag weiter.

Wir dürfen bei unserer Abschätzung aber nicht vergessen, daß während der Oppositonsschleife (so genannt, weil der Planet in der „Schleifenmitte" der Sonne am Himmel genau gegenüber-, in Opposition zur Sonne steht) die Erde den jeweiligen Planeten auf der Innenbahn überholt und seine Bewegung dadurch „gebremst" erscheint; nahe den Umkehrpunkten kommt sie sogar fast völlig zum Erliegen. Dieser Effekt ist beim Mars aufgrund seiner Nähe am größten, bei Saturn dagegen schon fast zu vernachlässigen. Die Bewegung des Mars 77 wird man auf jeden Fall auf Bildern erkennen können, die im Abstand von 2 bis 3 Tagen gemacht wurden (mit Ausnahme in der Nähe der Umkehrpunkte), die des Jupiter nach etwa 6 Tagen, die des Saturn nach rund 12 Tagen. Die Venus schließlich zieht gelegentlich so rasch über den Himmel, daß man ihre Positionsänderung bei stärkerer Nachvergrößerung schon während eines Abends oder Morgens erkennen kann. Allerdings muß die Venus dann rund 3–4 Stunden sichtbar bleiben und möglichst nahe an einem helleren Stern stehen, der auch in der Dämmerung deutlich erkennbar ist.

Besonders reizvoll sind neben den Vorübergängen von Planeten an helleren Fixsternen auch die Planetenkonjunktionen, z. B. von Mars und Venus, Venus und Jupiter oder Mars und Jupiter. Seltener treffen Jupiter und Saturn zusammen (das nächste Mal 1981). Eine solche „Große Konjunktion" gilt heute als astronomische Erklärung des Sterns von Bethlehem.

Tabelle 11:
Winkeldurchmesser der Planeten bei mittlerer Oppositions-(Elongations-)stellung und daraus resultierende Bildgröße pro 1 m Brennweite (für Mars: Perihel-/Aphel-Opposition):

	Winkeldurchmesser (Bogensekunden)	Bildgröße pro 1 m Brennweite (in Millimeter)
Merkur	7,25	0,035
Venus	24,2	0,11
Mars	25,3/14	0,12/0,068
Jupiter	47	0,23
Saturn	19,4	0,094

Will man Planetenporträts machen, kommt man ohne Fernrohr nicht mehr aus. Ein Blick auf Tabelle 11 zeigt, daß man sogar eine ziemlich lange Brennweite benötigt, um auch nur die gröbsten Züge auf den Film bannen zu können. Damit man eine verwertbare Bildgröße bekommt, ist eine Brennweite von wenigstens 10 m erfor-

derlich. Ein solch großes Fernrohr hat ein normaler Amateurastronom in der Regel jedoch nicht zur Verfügung. Er braucht aber trotzdem nicht auf Planetenfotos zu verzichten, denn wie bei Sonne und Mond läßt sich auch bei der Planetenfotografie die Methode der Okularprojektion anwenden. Allerdings wirkt sie sich negativ auf die erforderliche Belichtungszeit aus, wie wir noch sehen werden.

Für die Äquivalentbrennweite bei Okularprojektion gilt die Beziehung

$$(35) \qquad f_A = \frac{f_{Ob} \cdot a}{f_{Ok}}$$

f_A = Äquivalentbrennweite
f_{Ob} = Objektivbrennweite
f_{Ok} = Okularbrennweite
a = Abstand Okular–Filmebene

Da die Okularbrennweite nicht beliebig klein und der Abstand Okular–Filmebene nicht beliebig groß gewählt werden können, erhält man als Verlängerungsfaktor in etwa den Wert 10:

$$(36) \qquad f_A = \frac{10 \text{ cm}}{10 \text{ mm}} \cdot f_{Ob} = 10 \cdot f_{Ob}$$

Umgekehrt kann man ausrechnen, welche Objektivbrennweite nötig ist, damit durch den Verlängerungsfaktor 10 eine Äquivalentbrennweite entsteht, die das Planetenbildchen auf Kleinbildfilm 2,5 mm groß werden läßt:

Merkur . . . . 7 m
Venus . . . . 2,3 m
Mars . . . . 2 m/3,7 m
Jupiter . . . . 1,1 m
Saturn . . . . 2,65 m

Man mag denken, daß mit Hilfe einer Barlow-Linse, die die Objektivbrennweite „verdoppelt", die genannten Werte noch einmal um den Faktor 2 reduziert werden

54
a-c

a

b

c

Abb. 54 a-c: Konjunktion von Mars
und Saturn westlich von Regulus Ende
Mai/Anfang Juni 1978. Deutlich ist
zu erkennen, wie der schnellere Mars
an Saturn vorbeizieht. Die Aufnahmen
entstanden am 31. 5., am 1. 6. und am
7. 6. 1978, jeweils in der Abenddämme-
rung. Es wurde jeweils 3 Sek. mit einem
1,8/135-mm-Objektiv belichtet.

79

könnten, doch ist dies nicht besonders empfehlenswert. Je mehr Linsen nämlich den Strahlengang beeinflussen, desto weniger kontrastreich wird das Bild, und es ist keineswegs sicher, ob man Detailreichtum gewinnt, denn der hängt zum einen vom Auflösungsvermögen des Objektivs und damit von seinem Durchmesser ab, zum anderen von der Belichtungszeit: je länger die erforderliche Belichtungszeit, desto mehr beeinträchtigt die Luftunruhe die Bildschärfe; je größer aber bei gegebenem Objektivdurchmesser die Äquivalentbrennweite, desto länger muß man belichten. Die Formel für die Belichtungszeit können wir wieder in gewohnter Weise herleiten. Da ist zunächst die Helligkeit des Planeten, ausgedrückt in astronomischen Größenklassen. Jupiter beispielsweise erreicht während einer mittleren Oppositionsstellung etwa -2.3 Größenklassen, daraus ergibt sich eine Beleuchtungsstärke von $1{,}7 \cdot 10^{-5}$ lux. Weil der Planet dann unter einem Winkel von etwa 47 Bogensekunden erscheint, wird sein Licht von einem Fernrohr mit der Brennweite $f = 1250$ mm auf ein Scheibchen mit dem Durchmesser

$$(37) \qquad d = \frac{47'' \cdot 2\pi \cdot 1250 \text{ mm}}{360 \cdot 60 \cdot 60''} = 0{,}285 \text{ mm}$$

konzentriert. Dadurch wird die Beleuchtungsstärke um den Faktor

$$(38) \qquad V = \frac{D_{Ob}^2}{d^2}$$

V = Verstärkungsfaktor
D_{Ob} = Objektivdurchmesser
d = Durchmesser des Beugungsscheibchens

vergrößert. In unserem Beispiel soll der Objektivdurchmesser 125 mm betragen (daraus ergibt sich eine Blendenzahl 10); die Verstärkung V errechnet sich dann zu

$$(39) \qquad V = \frac{125^2}{0{,}285^2} = 192367$$

Auf dem Film haben wir demnach eine Beleuchtungsstärke von $192367 \cdot 1{,}7 \cdot 10^{-5}$ lux, also 3,27 lux.

Setzen wir die notwendige Schwärzung S gleich 1, dann benötigen wir bei 25 ASA 0,1 Luxsekunden Belichtung; für andere Filmempfindlichkeiten verändert sich die Belichtung um den Faktor 25/E, wobei E die Filmempfindlichkeit in ASA ist. Eine Belichtungszeit von 1 sec erbrächte in unserem Beispiel also eine Belichtung von 3,27 Luxsekunden, etwa dreißigmal mehr als notwendig – die richtige Belichtungszeit wäre daher für 25 ASA 1/30 sec. Ob Schwärzung S gleich 1 genügt, wird von Fall zu Fall zu entscheiden sein.

Allgemein können wir für die Belichtungszeit schreiben

$$(40) \qquad t = \frac{25 \cdot 0{,}1}{I_{Pl} \cdot V \cdot E}$$

I_{Pl} = Beleuchtungsstärke des Planeten
V = Verstärkungsfaktor
E = Filmempfindlichkeit in ASA

Für V gilt dabei die Beziehung

$$(41) \qquad V = \frac{4{,}25 \cdot 10^{10}}{\varrho^2 \cdot N^2}$$

V = Verstärkungsfaktor
ϱ = Winkeldurchmesser des Planeten in Bogensekunden
N = Blendenzahl

Ein Jupiterbildchen von 0,285 mm Durchmesser enthält allerdings nicht sehr viel Einzelheiten, und so versuchen wir mit einem 10-mm-Okular eine Okularprojektion mit 10facher Nachvergrößerung. Die Äquivalentbrennweite beträgt dann 12500 mm, und die Blendenzahl N vergrößert sich auf 100. Damit schrumpft der Verstärkungsfaktor V auf 1924, und die Beleuchtungsstärke auf dem Film sinkt auf 0,0327 lux. Um jetzt noch eine Belichtung von 0,1 Luxsekunden zu erzielen, muß man bei 25 ASA bereits etwa 3 sec belichten. Damit aber kommt man bereits in den Bereich, in dem die Luftunruhe sich störend bemerkbar macht, und es beginnt der Konflikt der Entscheidung zwischen hochauflösendem, ,,langsamem''

Film geringer Empfindlichkeit und höher empfindlichem „schnellem", dafür aber etwas grobkörnigerem Material. Hier hilft eigentlich nur die persönliche Erfahrung und die Kenntnis der eigenen und örtlichen Beobachtungsbedingungen. Erfahrene Planetenfotografen schwören auf geringempfindliches, feinkörniges Filmmaterial mit maximal 50 ASA und nehmen dafür die Luftunruhe in Kauf. Wir werden später noch ein Verfahren kennenlernen, mit dessen Hilfe man die atmosphärische Störung gewissermaßen überlisten kann.

Planeten in der Einzeldarstellung

Der Merkur

Merkur ist der sonnennächste Planet. Sein Abstand zur Sonne beträgt knapp 60 Millionen Kilometer. Von der Erde aus gesehen kann er sich daher nie weiter als etwa 28° von der Sonne entfernen. Allerdings steht Merkur dann so ungünstig am Himmel, daß er auf der Nordhalbkugel fast gar nicht in der Dämmerung gesehen werden kann. Bewohner auf der Südhalbkugel sind da sehr viel besser dran.

Bei uns wird Merkur nur sichtbar, wenn er eine kleinere größte Elongation erreicht. Die größte Elongation ist der größte Winkelabstand von der Sonne und gleichzeitig der Umkehrpunkt der Merkur- bzw. Venusbewegung, jener Punkt, an dem der Planet seinen „Überholvorgang" bezogen auf die Erde einleitet oder beendet. Die maximalen Elongationswinkel des Merkur variieren stark, weil er eine ziemlich elliptische Bahn um die Sonne beschreibt. Steht er gerade im sonnenfernsten Punkt, kann er sich besonders weit, eben 28°, vom Tagesgestirn entfernen, befindet er sich dagegen im sonnennahen Teil, ist eine Auslenkung von lediglich 18° möglich.

Eine für unsere Beobachtung günstige Stellung nimmt Merkur im Frühjahr am Abendhimmel und im Herbst am Morgenhimmel ein. Trotzdem ist auch dann noch die Höhe des Planeten über dem Horizont recht gering: er wird erst am hellen Abendhimmel sichtbar beziehungsweise verschwindet in der hellen Morgendämmerung,

wenn er knapp 10° über dem Horizont steht. Dann aber ist der Lichtweg durch die Atmosphäre sehr viel länger als bei größeren Horizontabständen, und so machen sich sämtliche atmosphärischen Störeffekte stark bemerkbar: die Szintillation läßt das Merkurbildchen hin- und hertanzen, und die Lichtablenkung innerhalb der Atmosphäre führt zu einem deutlichen Farbsaum. Merkur ist dann ein sehr schwieriges und undankbares Objekt für Astrofotografen.

Etwas besser sind die Bedingungen, wenn man Merkur am Taghimmel aufspürt. Mit Hilfe der Teilkreise am Fernrohr und der genauen Kenntnis seiner Koordinaten kann man Merkur — zumindest während seiner helleren Phasen — gut finden und dann auch fotografieren. So lassen sich auch Elongationswinkel von 28° ausnutzen — Merkur geht dann entweder 2 Stunden vor der Sonne durch die Südlinie oder zwei Stunden nach ihr, je nachdem, ob er westlich oder östlich von ihr steht.

Ideal sind die Bedingungen für eine Taghimmelaufnahme des Merkur allerdings auch nicht, denn zum einen ist sein Kontrast zum aufgehellten Taghimmel geringer als abends oder morgens, zum anderen ist die Luftunruhe tagsüber meist größer. Beides läßt sich vielleicht etwas verbessern, wenn man ein Gelb- oder Orangefilter zu Hilfe nimmt.

Hin und wieder kann man Merkur auch fotografieren, wenn er genau zwischen Erde und Sonne hindurchzieht. Er wandert dann als kleiner dunkler Fleck über die Sonnenscheibe. Solche Merkurdurchgänge folgen mehr oder minder regelmäßig aufeinander; der letzte fand am 10. November 1973 statt. Erst am 13. November 1986 und dann wieder am 6. November 1993 bietet sich die Gelegenheit zu einer Fotoserie, wie sie Abbildung 52 zeigt. Solche Aufnahmen sind von der Technik her reine „Sonnenfotos", so daß man dort die richtige Aufnahmetechnik und Belichtungszeit beschrieben findet.

Die Venus

Venusdurchgänge vor der Sonne sind sehr viel seltener als Vorübergänge des Merkur. In diesem Jahrhundert war und ist ein solches Ereignis überhaupt nicht zu be- 81

55

56

obachten. Die beiden letzten Venusdurchgänge traten am 9. Dezember 1874 und am 6. Dezember 1882 ein, und erst am 8. Juni 2004 und am 6. Juni 2012 kann man Venus wieder als knapp eine Bogenminute großes Scheibchen über die Sonne ziehen sehen.

Abgesehen davon sind die Voraussetzungen für die Venusfotografie besser als für Merkur, denn der „Abend-" und „Morgenstern" kann sich bis zu 47° von der Sonne entfernen. Ihre Größe und Nähe lassen Venus auch in kleineren Fernrohren genügend groß erscheinen, um sie zu einem reizvollen Fotoobjekt werden zu lassen.

Wer allerdings hofft, Einzelheiten der Venusoberfläche fotografieren oder auch nur erblicken zu können, wird enttäuscht sein: eine dichte Atmosphäre versperrt den Blick auf den Venusboden. Sie reflektiert einen Großteil der auftretenden Sonnenstrahlung und läßt so die Venus als hellen, glänzenden Punkt am Himmel auftauchen. Entsprechend detailarm sind die Fotos.

Aufnahmen der amerikanischen Raumsonden vom Typ Mariner und Pioneer zeigten aber, daß die Venusatmosphäre im ultravioletten Licht einige großräumige Strukturen aufweist — ähnliches hatten Fernrohrbeobachter, die entsprechende Filter verwendeten, schon in den 50er Jahren gemeldet. Man kann daher versuchen, die Venusaufnahmen mit Hilfe eines Filters zu fotografieren, das nur UV-Licht passieren läßt. Ein solches Filter wird als UV-Filter bezeichnet, während die im normalen Sprachgebrauch als UV-Filter bekannten Filter UV-Strahlung absorbieren und für diesen speziellen Zweck nicht eingesetzt werden können. Zusätzlich braucht man einen UV-empfindlichen Film, etwa den Kodak I aO.

Abb. 55: Venus, Mars und Saturn am 15.3.1972. 30 Sekunden mit Objektiv 1:3,5/28 mm auf REVUE 200 ASA belichtet. Oberhalb von Saturn ist auch noch Aldebaran, rechts von ihm sind die Plejaden zu erkennen.

Abb. 56: Eine Aufnahme der Venus, drei Wochen vor der größten westlichen Elongation. Aufgenommen am Taghimmel mit einem 225/3000-mm-Refraktor, dessen Brennweite durch eine Barlow-Linse auf 6000 mm verdoppelt worden war. Die Belichtungszeit betrug 3 Sek. auf REVUE 200 ASA.

Wer diesen Aufwand nicht treiben möchte, aber trotzdem Venusfotos machen will, kann durch eine Aufnahmeserie beispielsweise den Phasenwechsel während einer Elongationsperiode dokumentieren. Venus und Merkur zeigen ja aufgrund ihrer Bahnen noch innerhalb der Erdbahn Lichtwechsel wie der Mond. Bei der unteren Konjunktion wandert Venus zwischen Sonne und Erde hindurch und wendet uns die unbeleuchtete Nachtseite zu (Neuvenus). Sie ist deshalb in der Regel unsichtbar. Kann man sie aber doch einmal am Himmel ausmachen, so zieht sie meist ober- oder unterhalb der Sonnenscheibe ihre Bahn, nur in den selteneren Fällen vor der Sonnenscheibe. In den Wochen darauf entfernt sich die schnellere Venus nach rechts (Westen) und taucht am Morgenhimmel auf, zunächst als nur im Fernrohr erkennbare schmale Sichel, später immer mehr zunehmend. Gleichzeitig wächst der Abstand zur Erde, so daß der scheinbare Durchmesser der Venus immer kleiner wird. Zum Zeitpunkt der größten westlichen Elongation sehen wir dann eine Halbvenus. Danach bewegt sich der Planet wieder auf die Sonne zu und zieht schließlich hinter ihr vorbei (obere Konjunktion). Könnte man die Venus dann beobachten, so würde man eine kleine, aber vollbeleuchtete Scheibe erblicken (Vollvenus). Später wird sie dann östlich der Sonne am Abendhimmel auftauchen, dabei in ihrer Phase abnehmen, an Größe aber wieder gewinnen, bis sie zum Zeitpunkt der größten östlichen Elongation als abnehmende Halbvenus zu beobachten ist. Danach dauert es nicht mehr lange, bis Venus wieder auf der Innenbahn an der Erde vorbeizieht und als „Neuvenus" unsichtbar wird.

Rein theoretisch müßten „größte Elongation" und „Halbvenus" zeitlich zusammenfallen, doch melden Beobachter immer wieder, daß bei zunehmender Phase die Halbvenus bereits einige Tage vor der größten westlichen Elongation eintritt, bei abnehmender Phase dagegen erst ein paar Tage nach der größten östlichen Elongation. Mit anderen Worten: Venus erscheint zum Zeitpunkt der größten Elongation immer ein bißchen zu „voll" für Halbvenus. Dieser sogenannte Schröter-Effekt wird auf die Lichtbrechung innerhalb der dichten Venus-atmosphäre zurückgeführt. Der gleiche Effekt führt zu den sogenannten übergreifenden Hörnerspitzen während der schmalen Sichelphase: die hochreichenden Schichten der Venusatmosphäre werden auch noch auf der an sich unbeleuchteten Nachtseite nahe dem Terminator (der Sonnenaufgangs- bzw. -untergangslinie) von der Sonne beleuchtet.

Der Mars

Der äußere Nachbar der Erde stand um die Jahrhundertwende im Brennpunkt des öffentlichen Interesses. 1877 hatte der Italiener Giovanni Schiaparelli die aufsehenerregende Entdeckung von „Marskanälen" gemeldet, und viele Mitmenschen glaubten nun, dieses „Netzwerk" dunkler Linien sei ein künstlich angelegtes System zur Verteilung des spärlich vorhandenen Wassers auf dem roten Planeten. Der Amerikaner Percival Lowell ließ sogar eigens eine Sternwarte bauen, um sich ganz der Marsbeobachtung widmen zu können.

Fotografiert wurden die „Kanäle" nie, und heute ist man sich sicher, daß die Beobachter einer optischen Täuschung erlegen waren. Trotzdem ist Mars für Astrofotografen ein dankbares Objekt – ist er doch der erste Planet in unserer Reihe, auf dem man Oberflächendetails erkennen kann. Darüber hinaus führt ihn seine Bahn außerhalb der Erdbahn regelmäßig auch in eine Position am Himmel, in der er der Sonne gegenübersteht und somit die ganze Nacht hindurch zu beobachten ist (Oppositionsstellung). In dieser günstigen Stellung, in der wir auf die voll beleuchtete Tagseite des Planeten blicken, ist zusätzlich der Abstand Erde–Mars am geringsten. Leider ist aber die Marsbahn ziemlich elliptisch, so daß die Entfernung Erde-Mars von Opposition zu Opposition schwankt. Im günstigsten Fall kommt Mars der Erde bis auf rund 55 Millionen Kilometer nahe (zuletzt im Jahre 1971: 56,2 Millionen Kilometer, das nächstemal wieder 1988: 58,4 Millionen Kilometer), während im ungünstigsten Fall trotz Oppositionsstellung noch mehr als 100 Millionen Kilometer zwischen Mars und Erde bleiben (wie 1980: 101,3 Millionen Kilometer). Die Perihel-Oppositionen – so genannt, weil Mars dann im sonnenna-

Abb. 57: Marsaufnahme mit einem Celestron 14-Schmidt-Cassegrain-Reflektor, deutlich sind Dunkelobjekte und eine Polkappe des Mars zu erkennen.

57
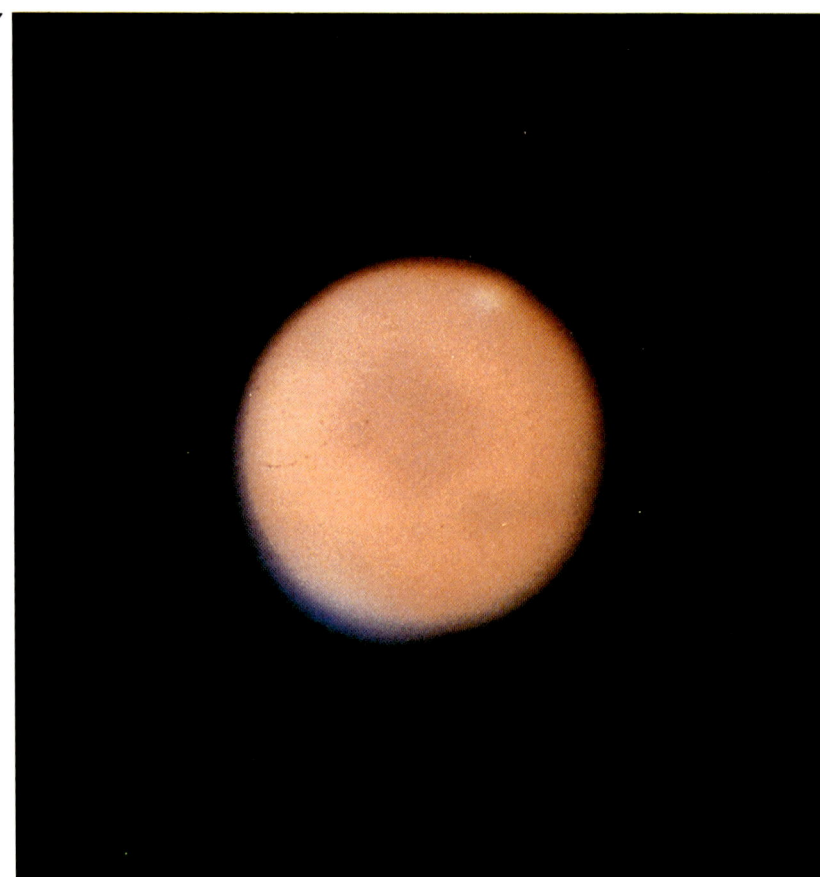

Abb. 58 a-d: Diese vier Bilder des ▶
*Planeten Mars sind ein hervorragendes
Zeugnis dafür, was ein geschickter
Amateur heute auf dem Gebiet der
Planeten-Fotografie erreichen kann.
Ausgangspunkt dieser beispielhaften
Serie ist ein Newton-Spiegelteleskop
mit 20 cm Öffnung, dessen Äquivalent-
Brennweite auf 12 m gebracht wurde.
Die beiden oberen Bilder wurden mit
einem Orange-Filter aufgenommen,
die beiden unteren mit einem Blau-
Filter. Ganz deutlich ist der größere
Durchmesser der Planeten-Scheibe
auf den im blauen Licht gewonnenen
Aufnahmen zu erkennen. Das
erklärt sich aus der Tatsache, daß
bei einer Blaufilter-Aufnahme des Mars
hauptsächlich die Atmosphäre des
Planeten abgebildet wird. Die Orange-
und Blaufilter-Aufnahmen wurden
jeweils unmittelbar nacheinander gemacht. Bemerkenswert ist die Tatsache,
daß die Details der Mars-Oberfläche
im blauen Licht nicht mehr erkennbar
sind. Dafür erscheint die Südpol-Kappe
vergrößert und in der Nähe des Nord-
pols wird jeweils eine deutliche Aufhel-
lung sichtbar. Diese Erscheinungen
waren auch bei visueller Beobachtung
mit Blaufilter auszumachen.*

hen Punkt seiner Bahn, dem Perihel, steht — finden im August statt. Mars steht dann der Sonne gegenüber und zieht durch die südlichen Bereiche der Ekliptik. Dabei steigt er kaum höher über den Horizont als die Sonne Mitte Januar, bleibt also für Beobachter und Fotografen auf der nördlichen Erdhalbkugel ziemlich tief am Himmel, und die Erdatmosphäre kann sich wieder störend bemerkbar machen.

Trotzdem — oder vielleicht auch gerade deshalb — ist Mars eine Art „Testobjekt" für viele Astrofotografen. Ein gutes eigenes Bild von Mars, das ist schon reizvoll, und daran ändern auch die gestochen scharfen Aufnahmen der amerikanischen Marssonden nichts — sie arbeiten „außer Konkurrenz".

Ein Blick auf Tabelle 11 zeigt, daß Mars unter günstigen Voraussetzungen bis zu 25 Bogensekunden „groß" werden kann, meist aber unter einem Winkel von nur 16 bis 18 Bogensekunden erscheint. Bleibt das seeing, die störende Luftunruhe, unter 1 Bogensekunde, so wird man noch Einzelheiten in der Größenordnung von 300 bis 400 km erkennen und fotografieren können. Das ist nicht viel: die Polkappe, vielleicht einige Dunkelgebiete, allenfalls noch das helle Hellasbecken. Aber die im Fernrohr erkennbaren Dunkelgebiete, etwa die Große Syrte oder Margaritifer Sinus, haben mit wirklichen Oberflächenformationen wenig zu tun. Die Helligkeitsunterschiede sind allenfalls auf eine verschieden grobe Oberflächenstruktur zurückzuführen; Gebirge oder „Sumpf-

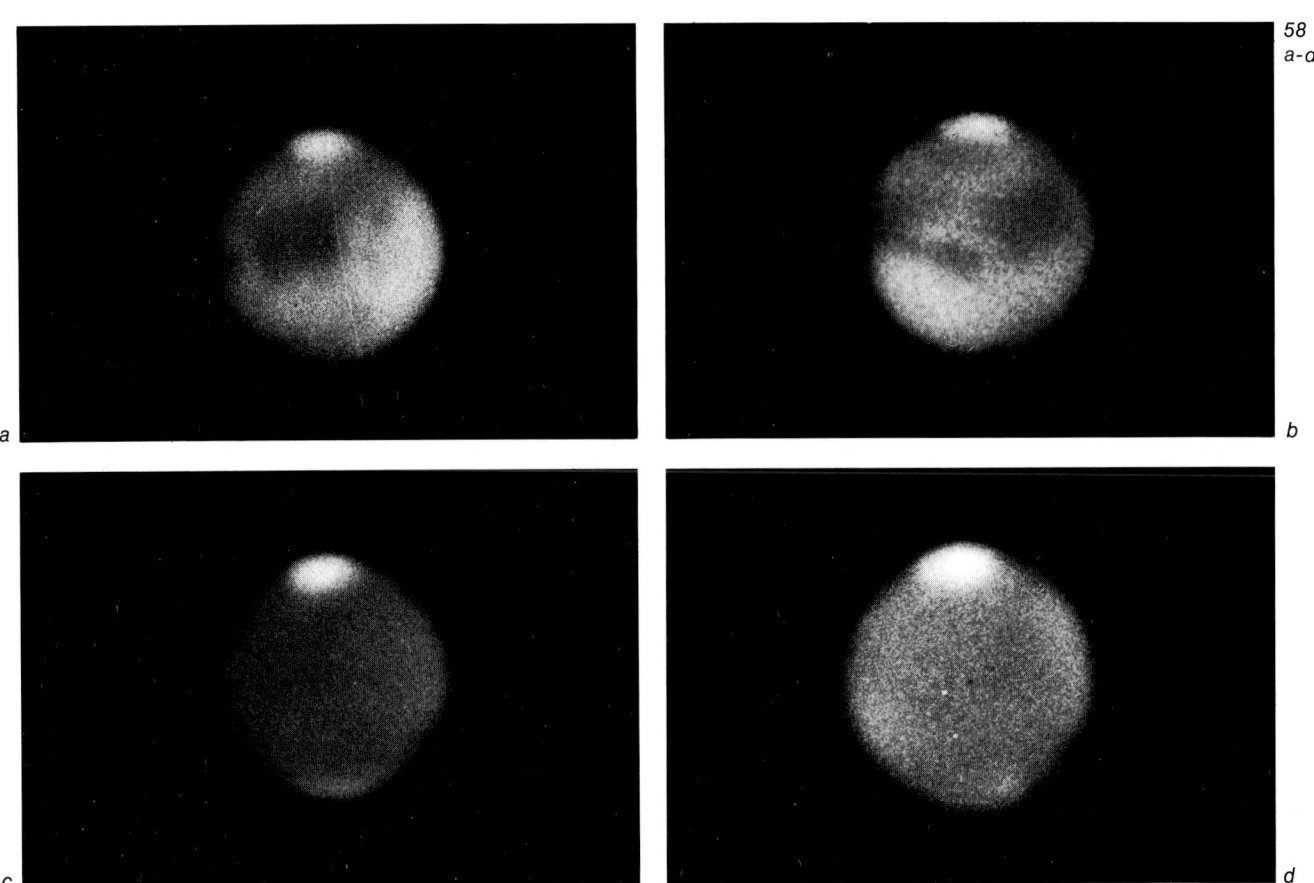

a

b

c

d

gebiete", für die man die dunklen Zonen auf dem Mars noch vor einigen Jahrzehnten hielt, lassen sich an den entsprechenden Stellen auch auf den hochauflösenden Mariner- und Vikingfotos vom Mars nicht identifizieren. Da Mars eine dünne Atmosphäre besitzt, kann es gelegentlich zu gewaltigen Staubstürmen kommen, die sämtliche Oberflächenmarkierungen verdecken. Aber auch zu den „klaren" Zeiten läßt sich die Marsatmosphäre nachweisen: Aufnahmen, die mit einem Blaufilter gewonnen wurden, zeigen einen geringfügig größeren Marsdurchmesser als Bilder mit einem Gelb- oder Rotfilter: der blaue Anteil des auf den Mars treffenden Sonnenlichtes wird bereits von der Marsatmosphäre gestreut und reflektiert – entsprechend wenig Details zeigen

diese Aufnahmen von der Marsoberfläche. Rot- oder Gelbfilteraufnahmen dagegen lassen die Helligkeits- und Farbunterschiede der Marsoberfläche deutlicher hervortreten.

Wer eine fotografische Marskarte erstellen will, braucht viel Geduld. Die Rotationsdauer des Mars weicht nur wenig von der Länge eines irdischen Tages ab: ein Tag auf dem roten Planeten dauert knapp 40 Minuten länger als ein Erdtag. Macht man immer zur gleichen Zeit ein Marsfoto, so wird erst nach rund 40 Tagen eine volle Marsrotation erfaßt sein. Schneller geht es natürlich, wenn man eine ganze Nacht durcharbeitet, in der Mars mehr als 13 Stunden über dem Horizont steht. Dann hat man zumindest eine Hälfte des Mars voll aufgenommen 85 und die zweite als ganze fotografiert. Will man aber auch sie noch Streifen für Streifen fotografieren, während sie über die Mittellinie des Planeten, den Zentralmeridian, wandert, wo zumindest die äquatornahen Regionen unverzerrt erscheinen, muß man nach etwa 20 Tagen noch einmal eine Nacht durcharbeiten.

Zusätzlich zu dieser Rotationsbewegung zeigt Mars noch einen jahreszeitlichen Wechsel. Der Marsäquator ist ebenso wie der Erdäquator gegen die Bahnebene geneigt, so daß einmal der Marsnordpol zur Sonne zeigt, ein anderes Mal der Südpol. Wenn Mars dann auch in Opposition zur Sonne steht, können wir von der Erde aus bevorzugt die Nordhalbkugel mit ihrer Polkappe bzw. die Südhalbkugel beobachten. Allerdings hat die jeweils sichtbare Hemisphäre dann gerade Sommer, so daß die Polkappen nicht sehr ausgedehnt sind. Leider fallen die Sonnenwenden auf dem Mars ziemlich genau mit den hohen Extremwerten der Oppositionsentfernung zusammen, so daß wir auf der Nordkugel der Erde bei den ungünstigen Apheloppositionen immer die Nordhalbkugel sehen, während Bewohner südlich des Erdäquators bei der viel günstigeren Periheloppositon auf die Südhalbkugel des Mars blicken.

Der Jupiter

Nach all dem, was wir bislang über die Planeten erfahren haben, muß Jupiter als der „Star" für Astrofotografen erscheinen. Schon im kleinen Fernrohr zeigt er eine Fülle von Details, erscheint während der Opposition immerhin 45 bis 48 Bogensekunden groß, so daß man ihn auch mit einer vergleichsweise kurzen Brennweite ausreichend gut fotografieren kann, und er ist hell genug um eine hohe Nachvergrößerung des Fokalbildes durch Okularprojektion zu erlauben. Und – Jupiter dreht sich in nicht einmal 10 Stunden einmal um seine Achse; steht er im nördlichen Bereich der Ekliptik, so kann man in nur einer Nacht mehr als eine Rotation beobachten.

Zu den auffälligen Details des Riesenplaneten (Jupiter ist mit einem Durchmesser von 142800 km der größte Begleiter der Sonne) gehören die äquatorparallelen Wolkenstreifen und auf der Südhalbkugel des Planeten der

sogenannte Große Rote Fleck (GRF). Seit den Jupiterfotos von Pioneer- und Voyagersonden wissen wir, daß es sich dabei um einen gewaltigen Wirbelsturm handelt, so groß, daß er die gesamte Erdoberfläche einhüllen könnte. Seine Färbung erscheint im Fernrohr keineswegs immer so intensiv rot wie auf den Voyagerfotos, aber dennoch lohnt sich für Jupiter-Aufnahmen der Einsatz eines Farbfilms (z. B. eines Kodachrome 64 oder Ektachrome 200). Bei Schwarzweißaufnahmen läßt sich durch die Verwendung eines Orangefilters vielleicht eine Kontraststeigerung erzielen, doch bringt ein solches Filter eine starke Verlängerung der Belichtungszeit. Hier muß jeder selbst entscheiden, wie kompromißbereit er im Hinblick auf „flaue" oder durch die Luftunruhe verwaschene Bilder ist.

Sehr gut geeignet für solche Aufnahmen ist der Kodak SO 115, ein Halbtonfilm, der hauptsächlich für den roten Spektralbereich sensibilisiert ist und bei entsprechender Entwicklung ausgezeichnete Kontraste liefert. Trotz seiner relativ hohen Empfindlichkeit von 100 ASA, was ein zusätzlicher Pluspunkt ist, besitzt er extrem feines Korn, was ihn für die gesamte Planetenfotografie empfehlenswert macht.

Schon 1610 entdeckte Galilei vier Trabanten des Jupiter. Inzwischen kennen wir 16 Jupitermonde, doch nur die vier von Galilei entdeckten großen und hellsten Trabanten können durch ein Amateurfernrohr beobachtet und fotografiert werden.

Hin und wieder ziehen diese Monde auf ihren Bahnen um den Planeten vor der Jupiterscheibe her. Sie sind dann zwar so gut wie unsichtbar, weil sich die hellen Punkte von der ebenfalls hellen Jupiterscheibe kaum abheben, wohl aber lassen sich ihre Schatten ausmachen. Ein Beobachter auf dem Jupiter würde bei einem solchen Ereignis eine totale Sonnenfinsternis beobachten. Die Größe der Mondschatten liegt bei etwa 1–2 Bogensekunden, dürfte also ausreichen, damit man Schattendurchgänge vor dem Jupiter mit Fernrohren ab 10 bis 15 cm Öffnung und entsprechender Brennweite fotografieren kann. Hinweise auf solche Ereignisse findet man in den astronomischen Jahrbüchern (siehe Literaturhin-

*Abb. 59: Der Planet Jupiter, aufgenom-
men mit einem Celestron 14. Mit einem
Instrument dieser Größe werden bereits
sehr viele Einzelheiten sichtbar.*

59

*Abb. 60: Jupiter, 2 Sek. belichtet auf
Ektachrome 400 EL mit Okularprojektion.
Das Projektionsokular hatte eine
Brennweite von 10 mm, die Äquivalent-
brennweite betrug 17 m, die Blenden-
zahl N' = 100.*

60

weise). Besonders selten sind sogar zwei Schattendurchgänge gleichzeitig zu beobachten.

Auch gegenseitige Verfinsterungen der Jupitermonde
treten im Abstand von mehreren Jahren auf. Die Erde
muß sich dazu ziemlich genau in der Ebene des Jupiter-
äquators befinden. Zuletzt war dies 1979/80 der Fall, und
es dauert bis 1985/86, ehe ein solches Ereignis wieder
zu beobachten sein wird.

Auch in der Zwischenzeit lassen sich jedoch interessante Fotos der Jupitermonde machen, so z.B. Positionsaufnahmen zur Bestimmung der Bahndaten (Umlaufzeit, Bahnradius); selbst die Masse des Jupiter kann

aus der Auswertung solcher Fotos bestimmt werden.
Bei Brennweiten unterhalb von 7,50 m wird man keine
Schwierigkeiten haben, alle vier Jupitermonde gleichzeitig auf Kleinbildformat abbilden zu können. Selbst wenn
Kallisto, der äußerste der großen Trabanten, gerade am
weitesten in der einen Richtung von Jupiter entfernt ist
und Ganymed, der zweitäußerste, seinen „Umkehrpunkt" auf der anderen Seite des Planeten erreicht, passen beide noch auf das 24x36-Querformat.

Zur Berechnung der notwendigen Belichtungszeit müssen wir die Gleichung (41) etwas umwandeln. In dieser
Gleichung wird ja ein Verstärkungsfaktor eingesetzt, der 87

61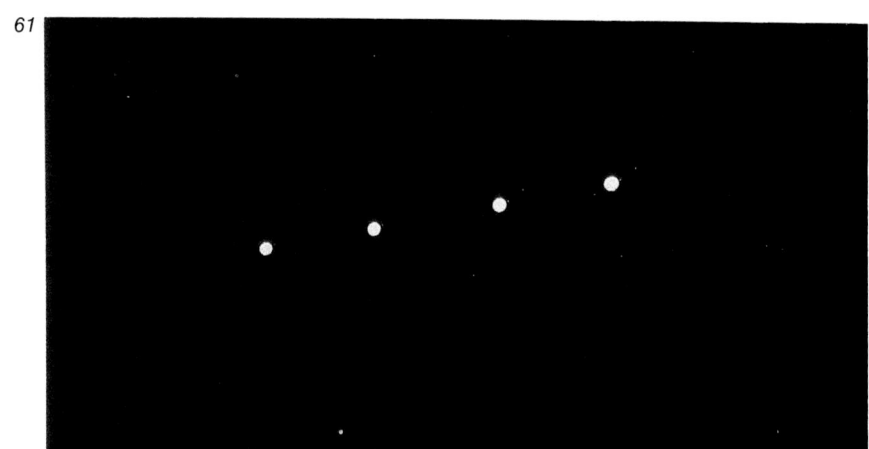

Abb. 61: Eine Mehrfachbelichtung als Testaufnahme. Es sollte die optimale Belichtungszeit für eine Aufnahme des Jupiter und seiner vier hellen Monde bestimmt werden. Die Aufnahme erfolgte im Brennpunkt eines 165/2750-mm-Refraktors; die einzelnen Belichtungszeiten betrugen 1, 2, 3 und 4 Sek. auf Agfachrome 50 S.

eine flächenhafte Abbildung des Objektes einschließt, ausgedrückt durch das Quadrat des Winkeldurchmessers ϱ. Wenn dieser Winkeldurchmesser unter einen bestimmten Wert sinkt, wird – bei vorgegebener Brennweite – das Objekt nicht mehr „flächentreu" abgebildet, sondern auf das Beugungsscheibchen „verschmiert". Die Rechnung zeigt, daß bei einer Brennweite von 1 m ein Objekt mindestens 6–7 Bogensekunden groß sein muß, um ein Bildchen von der Größe des Beugungsscheibchens auszuleuchten. Da selbst Ganymed, der größte der vier hellen Jupitermonde, nur während der Oppositionsschleife größer als 1,5 Bogensekunden erscheint, braucht man Brennweiten von mehr als vier Metern, ehe die Formel unverändert übernommen werden kann.

Bei kleineren Brennweiten muß man dagegen einen modifizierten Verstärkungsfaktor in die Gleichung (41) einsetzen. Es ist das Verhältnis Auffangfläche zu Abbildungsfläche oder Quadrat des Objektivdurchmessers zu Quadrat des Beugungsscheibchendurchmessers. Es gilt also

$$(42) \qquad V' = \frac{D_{Ob}^2}{0{,}03^2}$$

D_{Ob} = Objektivdurchmesser in mm
V' = Verstärkungsfaktor

Bei einem Fernrohr mit 125 mm Öffnung wird der Verstärkungsfaktor somit zu 17361111, und es errechnen sich daraus für die Belichtung der Jupitermonde bei einer Filmempfindlichkeit von 50 ASA etwa 5,5 sec. Für Jupiter selbst ist dies natürlich zuviel: setzt man seine Daten (Winkeldurchmesser etwa 48 Bogensekunden, Helligkeit −2.2 Größenklassen) in die Gleichung ein, so erhält man für das genannte Fernrohr mit 125 mm Öffnung und 1250 mm Brennweite eine Belichtungszeit von 0,5 bis 1 sec. Wer Jupiter noch mit einigen Wolkenstrukturen abbilden möchte, gleichzeitig aber auch schon die Monde erfassen will, tut gut daran, die Belichtungszeit in diesem Intervall zu variieren.

Es gibt aber noch zwei andere Methoden, mit deren Hilfe man Planet und Monde gleichermaßen richtig belichten kann. Im einen Fall wird der helle Jupiter mit einem Filterstreifen abgeblendet, im zweiten eine Fotomontage erstellt. In beiden Fällen müssen wir aber auf die Okularprojektion zurückgreifen, da wir Jupiter und seine Monde sonst nicht sauber „trennen" können.

Solange die erzielte Äquivalentbrennweite zwischen 4 m und 7,5 m liegt, werden zum einen die vier Monde „flächentreu" abgebildet und passen selbst bei extremen Elongationen noch alle auf das Kleinbild-Querformat. Bei kleineren Abständen der Monde kann die Äquivalentbrennweite natürlich größer sein. Dann kann man auch

Abb. 62 a-c: Der Planet Jupiter, aufge-
nommen am 14. Februar 1967 mit
einem 20-cm-Newton-Reflektor bei einer
Äquivalentbrennweite von ca. 30 m.
Bild a) wurde von einem Negativ
gewonnen,
Bild b) mit Hilfe des Kompositver-
fahrens aus zwei und
Bild c) aus drei übereinandergelegten
Negativen.
Die Aufnahmen zeigen deutlich,
wie sich durch die Komposittechnik das
störende Filmkorn unterdrücken läßt.

62
a-c

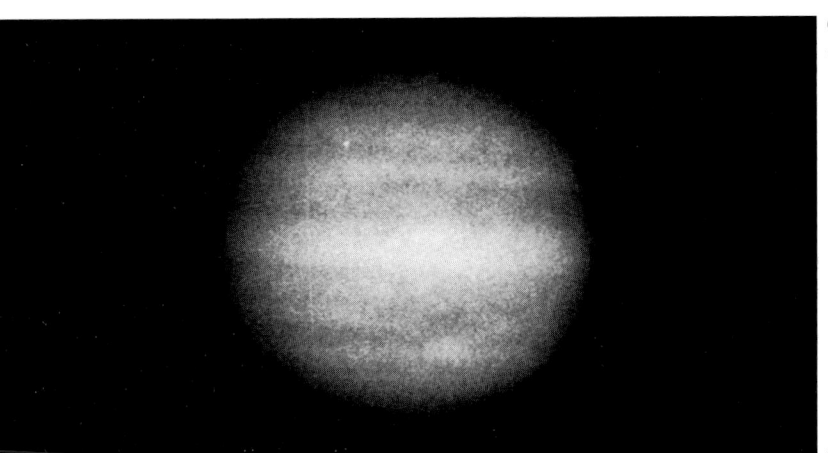

a

b

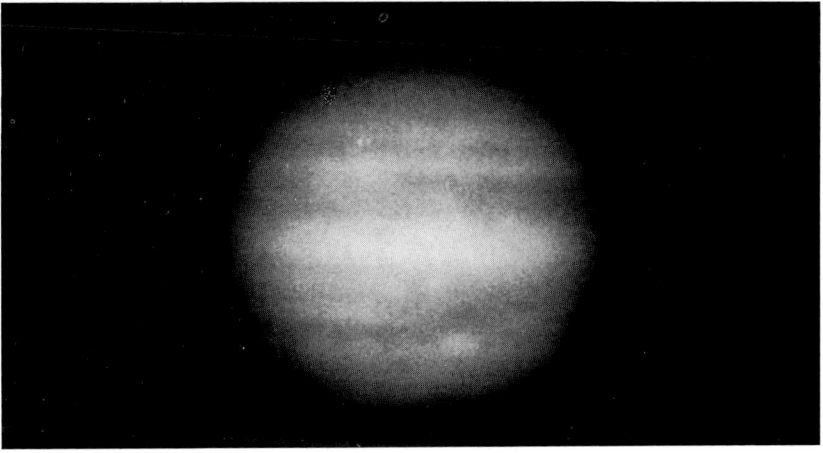

c

für Jupiter und die Monde den gleichen Verstärkungsfaktor benutzen und die notwendige Abschwächung des Jupiter aus dem Vergleich der Helligkeiten von Planet und Monden bestimmen. Vom Jupiter empfangen wir etwa 3000mal mehr Licht als von seinen Monden, so daß man mit einem Filterstreifen der Dichte 3 (Filterfaktor 1000) auskommen wird.

Dieser Filterstreifen muß nun, damit er scharf abgebildet wird, im Brennpunkt des Fernrohres placiert werden. Seine Breite sollte geringfügig größer sein als die Größe des Jupiterbildchens im Fokus, die ja von der Brennweite des Objektivs abhängt (vergl. Tabelle 11). Die erforderliche Belichtungszeit richtet sich dann nach der Helligkeit der Jupitermonde; das Licht des Planeten wird durch das Filter ja auf die gleiche Beleuchtungsstärke abgeschwächt. Als Filter eignet sich ein Streifen unbelichteter Diafilm, dessen Dichte normalerweise im Bereich zwischen 2 und 3 liegt. Da das Filter im Brennpunkt des Fernrohres montiert wird, braucht es keine allzuhohen Anforderungen an die optische Qualität zu erfüllen.

Bei der Fotomontage muß man drei Einzelaufnahmen machen: eine des Planeten mit entsprechender Belichtungszeit, eine des angrenzenden westlichen Bereichs und eine des östlichen; dazu bewegt man das Fernrohr so weit von Jupiter weg, daß er gut außerhalb des Gesichtsfeldes steht (Gefahr von Streulicht!). Belichtet wird diesmal mit der für die Belichtung des Mondes notwendigen Zeit. Macht man parallel dazu noch eine Fokalaufnahme (bei der Jupiter ruhig überbelichtet sein kann), so lassen sich daraus die Entfernungen der Jupitermonde zum Planeten für die spätere Montage bestimmen: die drei Aufnahmen werden sich natürlich teilweise überlappen, so daß ein einfaches aneinander „kleben" die wahren Verhältnisse nicht richtig wiedergeben würde.

Der Saturn

Zwar wissen wir seit einigen Jahren, daß Saturn nicht der einzige Planet ist, der über ein Ringsystem verfügt, doch sind allein die Saturnringe in einem Amateurfernrohr sichtbar, sind nur sie auch dem Astrofotografen „erreichbar". Damit wird der zweitgrößte Begleiter der

Sonne (Durchmesser 120 800 km), der bis in die Neuzeit als äußester Planet im Sonnensystem galt, zum zweiten „Star" der Planetenfotografen. Da Jupiter und Saturn von ihrem Aufbau her verwandt sind, bieten beide ein ähnliches Erscheinungsbild. Allerdings sind die Wolkenformationen auf Saturn weit weniger ausgeprägt als bei Jupiter; sie bleiben dem Amateurfotografen daher in aller Regel verborgen. Sein Interesse wird sich daher auf eine möglichst detailreiche Darstellung des Ringsystems konzentrieren.

Die Bedingungen für die Fotografie der Saturnringe sind keineswegs immer gleich. Da auch der Saturnäquator gegen die Bahnebene geneigt ist und die Ringe sich in der Äquatorebene des Planeten befinden, sehen wir die Ringe im Laufe eines Saturnjahres unter verschiedenen Winkeln: wenn der Saturnnordpol der Sonne (und damit im wesentlichen auch der Erde, die sich – vom Saturn aus gesehen – allenfalls 6° von der Sonne entfernen kann) zugewendet ist, blicken wir schräg von „oben" auf die Ringe, zum Zeitpunkt der Süd-Sommersonnenwende schräg von unten, und zweimal dazwischen, um die Frühjahrs- und Herbst-Tagundnachtgleiche des Saturn, genau von der Kante. Dann kann das Ringsystem des Saturn sogar vorübergehend „unsichtbar" werden, weil die extrem dünne, nur etwa 1–5 km starke Ringkante nicht genügend Sonnenlicht reflektiert. Zuletzt war dies 1979/80 der Fall, und es wird bis zum Jahre 1995 dauern, ehe wieder eine solche Kantenstellung eintritt. In der Zeit bis dahin blicken wir auf die Nordseite des Planeten – bis 1987 mit zunehmender, also fotografisch unproblematischer werdender Ringöffnung.

Schon im 17. Jahrhundert wurde eine dunkle Trennungslinie im Ringsystem des Saturn entdeckt – sie heißt nach ihrem Entdecker „Cassini-Teilung". Die dunkle Zone enthält deutlich weniger Ringmaterie als die übrigen Teile des Ringes, ist etwa 3600 km breit und kann zumindest an den „Ringenden" links und rechts des Planeten, den sogenannten Ansen, bei großer Ringöffnung bereits mit einem Fernrohr von 50 oder 60 mm Öffnung gesehen werden.

Um die Cassini-Teilung auch fotografieren zu können,

63

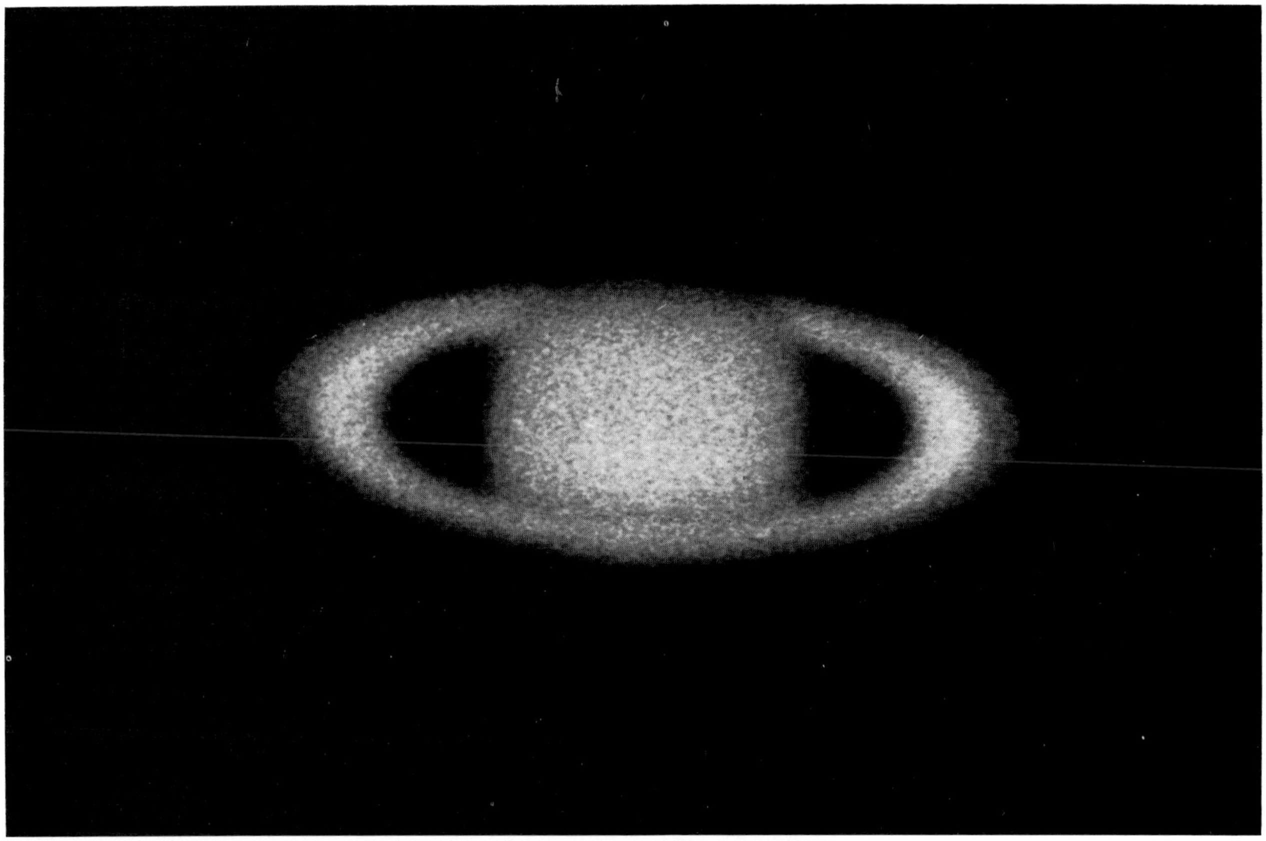

Abb. 63: Der Planet Saturn, aufgenommen mit einem 200/1500-mm-Newton-Reflektor mit Okularprojektion (f' = 12 m). 1 Sek. belichtet auf Ilford FP4.

64

Abb. 64: Saturn mit Titan und Rhea, 3 Min. im Brennpunkt eines Celestron 5-Teleskops 125/1250 mm auf Agfachrome 50 S belichtet.

bedarf es im günstigsten Fall einer Brennweite von etwa 7 m. Dann erscheint der in einem Fernrohr von 75 mm Öffnung erkennbare Bereich im Gebiet der Ansen auf dem Negativ als „deutlich sichtbar", das heißt bei einem normalen Sehabstand von 25 cm unter einem Winkel von 2 bis 3 Bogenminuten. Je flacher die Ringöffnung aber ist, desto größer wird die erforderliche Brennweite. Solche Werte kann man nur mit Hilfe der Okularprojektion erzielen, und dabei kommt man rasch auf „gefährlich" lange Belichtungszeiten. Saturn ist nämlich deutlich lichtschwächer als Jupiter; bei normalen Oppositionen erreicht er allenfalls die Größenklasse 0. Seine Beleuchtungsstärke liegt demnach bei $2 \cdot 10^{-6}$ lux. Da Saturn dann einen Winkeldurchmesser von etwa 20 Bogensekunden zeigt, beträgt der Verstärkungsfaktor bei einem Fernrohr mit 20 cm Öffnung und 16 m Äquivalentbrennweite (Blendenzahl 80) ungefähr 16600, so daß auf dem Film etwa 0,03 lux auftreffen. Bei einer Filmempfindlichkeit von 50 ASA ergibt sich eine für eine ausreichende Schwärzung notwendige Belichtungszeit von etwa 15 sec. Reduziert man die Äquivalentbrennweite bei weiter Ringöffnung auf 10 m, so braucht man bei 50 ASA nur noch etwa 5 bis 6 sec zu belichten.

Neben dem Saturnring bieten sich noch die Saturnmonde als Fotoobjekte an. Der hellste von ihnen, Titan, verhält sich in seiner Helligkeit zu Saturn ebenso wie die Galileischen Monde zu Jupiter: von ihm empfangen wir rund 2500mal weniger Licht als von Saturn. Entsprechend wird man ihn auf leicht überbelichteten Saturnaufnahmen finden: bei 200 mm Öffnung und 2 m Brennweite reichen bei 50 ASA etwa 15 sec Belichtungszeit. Durch Verwendung eines höher empfindlichen Films von z.B. 200 ASA kann man die Belichtungszeit natürlich weiter bis auf 3 oder 4 sec herunterdrücken. Da Saturn ohnehin überbelichtet wird, braucht man auf ihm auch keine Details zu erkennen und benötigt also nicht unbedingt einen extrem feinkörnigen Film.

Mit Titan ist die Liste der fotografierbaren Saturnmonde aber noch nicht erschöpft. Insgesamt sieben Saturntrabanten werden bei einer normalen Opposition heller als die 12. Größenklasse und liegen damit auch für kleinere

Fernrohre im Bereich des Möglichen. Allerdings bleiben einige dieser Monde immer ziemlich nahe beim Saturn, so daß ohne Filterstreifenmethode die Gefahr der Überstrahlung besteht. Da diese Monde alle bis auf Titan kleiner als 1000 km sind, kann man davon ausgehen, daß sie bei den für Amateurfotografen erreichbaren Brennweiten immer auf ihr Beugungsscheibchen „verschmiert" werden. In die Formel für die Belichtungszeit muß also der modifizierte Verstärkungsfaktor

$$(43) \qquad V' = \frac{D_{Ob}^2}{0{,}03^2}$$

V' = Verstärkungsfaktor
D_{Ob} = Objektivdurchmesser

eingesetzt werden. Bei 200 mm Öffnung ergibt sich $V' = 4{,}4 \cdot 10^7$, so daß von einem Mond der 12. Größenklasse auf dem Film eine Beleuchtungsstärke von 0,0015 lux ankommt. Für Saturn bringt die gleiche Rechnung mit dem normalen Verstärkungsfaktor eine 1500fach höhere Beleuchtungsstärke von etwa 2,2 lux. Die Belichtungszeit richtet sich natürlich nach den Erfordernissen für die erwünschten Saturnmonde. Bei einer Äquivalentbrennweite von etwa 8 m, die angebracht ist, damit Titan und Japetus, die beiden äußeren noch fotografierbaren Saturnmonde, auch in gegenüberliegenden Positionen noch auf das Kleinbild-Querformat passen, und einer Fernrohröffnung von 200 mm braucht man bei 100 ASA eine Belichtungszeit von etwa 40 sec (ohne Schwarzschild-Effekt); in diesem Fall reduziert sich das Verhältnis der Beleuchtungsstärken von Saturn und Saturnmonden auf etwa 100:1, so daß man ein entsprechend schwächeres Filter benutzen sollte.

Natürlich kann man auch bei Saturn mit Hilfe einer Fotomontage eine „Gesamtaufnahme" mit richtig belichteten Planet und Trabanten anfertigen.

Die teleskopischen Planeten und Planetoiden

Bei den äußeren Planeten Uranus, Neptun und Pluto sind die Winkeldurchmesser so gering, daß man selbst mit vergleichsweise großer Brennweite keine Details mehr erkennen kann. Bei diesen Planeten lohnen also nur Positionsaufnahmen; bei Uranus kann man eventuell versuchen, mit einem größeren Fernrohr noch die Monde zu fotografieren. Allerdings sind sie alle jenseits der 14. Größenklasse und damit nicht einfach zu erfassen. Mit einem Fernrohr von 200 mm Öffnung muß man bei Blendenzahl 10 und 400 ASA schon etwa 5 Minuten (ohne Schwarzschild-Effekt) belichten; setzt man einen mittleren Schwarzschild-Exponenten von 0,8 voraus, so verlängert sich die erforderliche Belichtungszeit auf rund 20 Minuten.

Eine ähnlich lange Zeit erfordert eine Aufnahme des Pluto, wenn man ihn mit dem gleichen Instrument fotografieren möchte. Auch seine Helligkeit liegt im Bereich der 14. Größenklasse. Allerdings muß man schon eine recht gute Sternkarte besitzen, damit man Pluto überhaupt auffindet und – bei dem kleinen Gesichtsfeld, das bei einer solchen Brennweite notwendigerweise die Folge ist – nicht etwa einen falschen Stern fotografiert.

Wer sicher gehen will, kann auch versuchen, Pluto mit einem Tele-Objektiv kleinerer Brennweite zu fotografieren – vorausgesetzt, er stellt nicht die Forderung einer Schwärzung von 1. Gibt man sich statt dessen mit einer Schwärzung von 0,5 zufrieden, so braucht man bei 400 ASA eine Belichtung von etwa 0,003 Luxsekunden (statt der 0,1 Luxsec bei Schwärzung 1 und 25 ASA). Da Pluto eine Beleuchtungsstärke von $5 \cdot 10^{-12}$ lux liefert und ein Teleobjektiv von 240 mm Brennweite und der Blendenzahl 4,5 einen Verstärkungsfaktor von $3,16 \cdot 10^6$ bringt, erzielen wir auf dem Film eine Beleuchtungsstärke von $1,63 \cdot 10^{-5}$ lux. Die effektive Belichtungszeit muß demnach ungefähr 200 sec betragen; bei einem Schwarzschild-Exponent von 0,75 also rund 15 Minuten.

Aufgrund der großen Entfernung zur Sonne bewegen sich Uranus, Neptun und Pluto ziemlich langsam vor den Hintergrundsternen. Will man die Bewegung deutlich sichtbar machen, genügt es, zwei Fotos im Abstand von 2 bis 3 Tagen aufzunehmen. Bei einer Brennweite von 200 mm wird dann die Positionsänderung (ausgenommen in der Nähe der Umkehrpunkte bei Oppositionsschleifen) mindestens 0,3 mm betragen, bei 15facher Nachvergrößerung also 5 mm ausmachen.

Um einiges schneller ziehen die Kleinplaneten über den Himmel, vor allem dann, wenn sie nahe an der Erde vorbeirasen. Im Februar 1975 zog (433) Eros in nur 22 Millionen Kilometer Abstand an der Erde vorüber und legte dabei fast 2° pro Tag zurück. Das war aber eine Ausnahme; die meisten dieser kleinen Objekte zwischen Mars- und Jupiterbahn ziehen allenfalls um 0,2° pro Tag weiter. Trotzdem kann man versuchen, ihre Bewegung fotografisch in Form einer kurzen Strichspur festzuhalten.

Damit die Strichspur sichtbar wird, sollte sie etwa 1 mm lang sein. Wie groß muß die erforderliche Brennweite gewählt werden, damit man zu praktikablen Belichtungszeiten – beispielsweise 20 Minuten – kommt?

In 20 Minuten legt ein solcher Kleinplanet etwa 10 Bogensekunden zurück.

Über die Beziehung

$$(44) \qquad f = \frac{360 \cdot 60 \cdot 60'' \cdot 1 \text{ mm}}{2\pi \cdot 10''}$$

erhalten wir als erforderliche Mindestbrennweite etwa 20 m. Es geht also nur mit Okularprojektion und Nachführung, die sich als denkbar schwierig erweist. Man darf natürlich nicht nach dem Kleinplaneten nachführen, da er sich ja bewegt; hielte man ihn im Fadenkreuz, so würde er allein punktförmig, während alle Sterne als kleine Striche abgebildet würden! Trotzdem sollte man solche Aufnahmen ruhig versuchen. Je genauer das Fernrohr aufgestellt ist, desto eher werden sie einigermaßen gelingen. Bilder wie diese sind also gewissermaßen ein Test für die exakte Fernrohraufstellung und -nachführung. 93

Abb. 65: Planetoid Juno am 5. März 1980, Belichtung von 21.32 bis 21.47 MEZ, mit dem Canon Makro-Objektiv 4,0/100 mm auf Kodak 103 aE und mit Gelbfilter.

Abb. 66: Planetoid Juno bei gleichem Bildausschnitt am 18. März 1980, Belichtung von 21.32 bis 21.47 MEZ wieder mit dem Canon Makro-Objektiv 4,0/100 mm und Gelbfilter

auf Kodak 103 aF. Die Wanderung des Planetoiden ist deutlich zu erkennen. Der helle Stern links unten ist Prokyon.

(Unterschiedliche Sternhelligkeiten auf dem Film können sich bei gleichen Objekten und gleichen Aufnahmebedingungen [z. B. Belichtungszeit] aus der Kombination von bestimmten Filtern und bestimmten Filmtypen ergeben.)

Kometenfotografie

Die Entdeckung eines Kometen gehört zum Wunschtraum eines jeden Amateurastronomen. Meist wird es bei diesem Wunsch bleiben, aber es bietet sich ja immer noch die Möglichkeit, bereits entdeckte Kometen zu fotografieren. Da die wenigsten Kometen sonderlich hell werden, ist eine gute Kometenaufnahme in gewisser Weise ein Art Herausforderung an jeden, der seine astrofotografische Technik, Ausrüstung und Praxis testen und seine Leistungsfähigkeit beweisen möchte.

Was die Menschen früherer Jahrhunderte oft genug in Angst und Schrecken versetzte, weil es – unvorhergesehen – die kosmische Ordnung störte, haben die Wissenschaftler längst als harmlose Weltenbummler entzaubert: Kometen – so nimmt man heute allgemein an – sind Brocken aus Staub und gefrorenen Gasen, überdimensionale schmutzige Schneebälle gewissermaßen, selten größer als einige wenige Kilometer. Aufgrund dieser – astronomisch gesehen winzigen – Ausmaße müßten sie eigentlich in den Tiefen des Raumes verborgen bleiben. Tatsächlich tauchen sie auch nur aus dem Dunkel auf, wenn sie hin und wieder auf ihren zum Teil sehr langgestreckten Bahnen der Sonne nahekommen. Dann nämlich verdampfen die gefrorenen Gase an ihrer Oberfläche und bilden eine Art Kometenatmosphäre, die sogenannte Koma. Die kurzwellige Sonnenstrahlung regt die Gasmoleküle zum Leuchten an, macht sie teilweise elektrisch leitfähig und damit empfindsam für den Einfluß des Sonnenwindes, einen beständig von der Sonne in alle Richtungen ausgehenden Teilchenstrom. Dieser Sonnenwind ist es, der Teile der Kometenatmosphäre mitreißt und zu einem leuchtenden Schweif „verweht". Kometen können um so heller werden, um so mehr Gase verlieren, je näher sie an die Sonne herankommen und je mehr kurzwellige Sonnenstrahlung auf die Moleküle der Kometenatmosphäre trifft. Wie hell der Komet und sein Schweif dann am Himmel erscheinen, hängt natürlich auch von der sich rasch ändernden Entfernung zwischen Komet und Erde ab. Nur wenige Kometen kreuzen bei ihrem Flug um die Sonne die Erdbahn nach innen. Sie tauchen oft unerwartet auf, umrunden einmal die Sonne und verlieren sich wieder in den Tiefen des äußeren Sonnensystems. Die meisten der bekannten periodischen Kometen dagegen bleiben auch in Sonnennähe außerhalb der Erdbahn – sie werden daher nicht besonders hell und entwickeln meist keinen sehr ausgeprägten Schweif.

Am bekanntesten ist wohl der Komet Halley, der etwa alle 76 Jahre wiederkehrt, das nächste Mal 1985/86. Er ist jedoch schon ziemlich oft in Sonnennähe gekommen und hat dabei so viele Gase verloren, daß er auch nicht mehr besonders eindrucksvoll ist, wenn er auch zu den Kometen gehört, die die Erdbahn kreuzen.

Helle Kometen zu fotografieren ist nicht besonders schwierig. Da Kometen ihre größte Helligkeit im sonnennahen Bereich ihrer elliptischen Bahn erreichen, stehen sie dann – von der Erde aus gesehen – auch ziemlich nahe bei der Sonne, sind also vor Sonnenaufgang im Osten oder nach Sonnenuntergang im Westen zu beobachten. Dann kann man mit einer Normaloptik großer Lichtstärke und mit einem hochempfindlichen Film bereits mit ruhender Kamera eindrucksvolle Aufnahmen machen, auf denen neben dem Kometen und einigen helleren Fixsternen auch die Silhouette des Horizonts zu erkennen ist. Da der Komet ohnehin nicht scharf umgrenzt ist, darf die Belichtungszeit bei Normaloptik ruhig etwa 20 bis 30 sec betragen, bei Weitwinkelobjektiven sogar noch mehr. Sie hängt natürlich auch von der noch vorhandenen Himmelshelligkeit ab, von der Zeit, die seit dem Sonnenuntergang verstrichen ist beziehungsweise noch bis zum Sonnenaufgang bleibt.

Amateurastronomen sind aber schon froh, wenn ein Komet in die Reichweite ihrer Fernrohre kommt und im Teleskop einigermaßen gut zu sehen ist. Diese Objekte, zumeist kurzperiodische Kometen mit Umlaufzeiten von einigen Jahren bis Jahrzehnten, bleiben in der Regel außerhalb der Erdbahn und können somit eine Oppositionsstellung erreichen. Da auch bei ihnen Helligkeit und Schweifbildung vom Sonnenabstand abhängen, müssen sie aber nicht immer zum Oppositionszeitpunkt am hellsten sein.

Diese Kometen erreichen in der Regel keine allzu großen Schweiflängen, so daß das kleinere Gesichtsfeld ei-

Abb. 67: Der Komet West. Aufgenommen mit einer 8"-Schmidt-Kamera, Belichtung 5 Min. auf Color-Diafilm Ektachrome 400.

nes lichtstarken Teleobjektivs durchaus reicht. Natürlich ist jetzt eine Nachführung unerläßlich – man muß sogar darauf achten, daß der Komet sich während der Aufnahmezeit vor den Hintergrundsternen bewegt. Bei längeren Belichtungszeiten und großen Brennweiten wird man daher gut daran tun, gegebenenfalls nicht nach einem Stern nachzuführen, sondern nach dem Kometenkern selbst. Dies empfiehlt sich immer dann, wenn der Komet während der Belichtungszeit deutlich mehr als einen Durchmesser des Beugungsscheibchens wandert. Besonders gut geeignet für Kometenaufnahmen sind die extrem lichtstarken Schmidt-Kameras, vor allem auch aufgrund ihres vergleichsweise großen und sehr gut korrigierten Gesichtsfeldes.

Bei ausgeprägten Kometenschweifen lohnen sich Fotos in kurzen zeitlichen Abständen. Die Wechselwirkung des Sonnenwindes mit den Molekülen des Kometenschweifes kann zu raschen Veränderungen der Schweifstruktur führen, die sich oft im Kometenschweif nach „hinten" fortpflanzen. Immerhin ist die Aufenthaltsdauer eines zum Leuchten angeregten Gasmoleküls im Kometenschweif nach seinem Austritt aus dem Kometenkern kaum größer als 24 Stunden.

Wer Detailstrukturen im Kometenkopf fotografieren möchte, muß auf die große Brennweite eines Fernrohres zurückgreifen und eine Fokalaufnahme machen. In diesem Fall wird das Problem der exakten Nachführung besonders groß, da hier selbst ein Off-Axis-System nicht hilft – es bietet ja einen Fixstern am Rande oder außerhalb des Bildfeldes als Leitstern an. Entweder braucht man als Leitfernrohr dann ein zweites Teleskop mit vergleichbarer Brennweite, oder man versucht, mit Hilfe einer optisch einwandfreien, planparallelen Glasscheibe im Strahlengang einen Teil des Kometenlichtes in ein Nachführokular zu lenken. Die Scheibe muß im Winkel von 45° zum Objektiv ausgerichtet werden; dann reflektiert sie 4% des Kometenlichts in das senkrecht zum Strahlengang montierte Kontrollokular. Allerdings bedeutet dies, daß der Komet im Okular um fast vier Größenklassen schwächer erscheint als bei der direkten Betrachtung!

68

69

Die erforderliche Belichtungszeit kann man wie bei Gasnebeln abschätzen, wenn man die ungefähre Größe des Kometenkopfes bestimmt. Die in den Ephemeriden angegebenen Helligkeiten (Flächenhelligkeiten) sind im wesentlichen auf diese Zentralregion beschränkt.

Als Filme empfehlen sich auch hier hochempfindliche Emulsionen mit möglichst breiter spektraler Sensibilisierung, z. B. die Kodakfilme 103 a E und 103 a F. Je näher der Schwarzschild-Exponent bei 1 liegt, desto besser, denn um so kürzer kann die Belichtungszeit gehalten, um so besser können Nachführfehler damit eingeschränkt werden.

Abb. 68: Der Komet Kobayashi-Berger-Milon mit einem 4,0/200-mm-Objektiv aufgenommen auf einem GAF 500 mit 20 Min. Belichtungszeit. Der Doppelstern links ist Alcor/Mizar.

Abb. 69: Die Bewegung des Kleinplaneten Eros wird auf dieser 25 Min. lang belichteten Aufnahme bereits deutlich. Eros hinterließ eine Strichspur neben dem hellen Stern Prokyon, aufgenommen im Brennpunkt eines 200/1500-mm-Reflektors auf GAF D 500.

Sternschnuppen

„Wenn eine Sternschnuppe fällt, darf man sich etwas wünschen", sagen viele, die nicht wissen, was eine Sternschnuppe wirklich ist: ein Staubkorn, kaum größer als ein Stecknadelkopf, trifft von außen mit ziemlicher Geschwindigkeit auf die Erdatmosphäre, wird plötzlich gebremst und durch die Reibung an den Luftmolekülen so stark erhitzt, daß es verglüht. Die eigentliche Leuchterscheinung, der sogenannte Meteor, ist aber nicht einmal das glühende Staubkorn. Es heizt vielmehr auf seiner Bahn durch die oberen Atmosphärenschichten die angrenzenden Luftmoleküle auf, so daß diese zu leuchten beginnen. Man sieht also den Luftkanal, den das Staubkorn durchquert hat.

Doch trotz dieser „natürlichen" Erklärung wünschen sich auch jene etwas, die solche Meteorerscheinungen untersuchen und sie daher fotografieren wollen: sie wünschen sich, daß der Meteor auch wirklich durch das Gesichtsfeld des Teleskops gezogen ist und außerdem hell genug war, um eine Spur auf dem Film zu hinterlassen.

Mit einer einfachen Methode kann man feststellen, ob und für welche Meteore die vorhandene Kamera-Ausrüstung ausreicht. Man fotografiert bei ruhender Kamera den Sternenhimmel einige Minuten lang und „verreißt" dann die Kamera derart, daß sie in einer Sekunde um rund 15° senkrecht zur Bewegungsrichtung der Sterne geschwenkt wird. Mit etwa der gleichen Winkelgeschwindigkeit ziehen die Meteore über den Himmel, und so kann man hinterher auf dem Bild ablesen, bis zu welcher Helligkeit herunter die auf der Strichspuraufnahme ja leicht zu identifizierenden Sterne auch während des raschen Schwenks noch eine Spur gezogen haben.

Aus all dem, was wir bislang über die Techniken der Astrofotografie erfahren haben, wird klar, daß eine möglichst lichtstarke Optik und ein hochempfindlicher Film wesentliche Voraussetzungen für eine Meteoraufnahme sind. Wenn sich ein solches Objekt mit einer Winkelgeschwindigkeit von etwa 15° pro Sekunde über den Himmel bewegt, ist die effektive Belichtungszeit extrem kurz. Auch für Meteoraufnahmen läßt sich die Grenzreichweite einfach überlegen. Nehmen wir zum Beispiel eine

Kamera mit einem 2,0/50-mm-Objektiv. Da das Abbild der Meteorspur mindestens auf die Breite des Beugungsscheibchens verschmiert wird, kann man den Verstärkungsfaktor des Objektivs nach der Beziehung

$$(45) \qquad V' = (\frac{D_{Ob}}{0,03})^2$$

V' = Verstärkungsfaktor
D_{Ob} = Durchmesser der wirksamen Öffnung in mm

bestimmen. In unserem Fall beträgt er etwa 700000. Als zweites müssen wir die effektive Belichtungszeit kennen – der Meteor huscht ja ziemlich rasch über den Himmel und belichtet einzelne Filmstellen nur sehr kurz. Wir müssen also sehen, wie lange der Meteor braucht, um eine Strecke am Himmel zurückzulegen, die dem Durchmesser des Beugungsscheibchens auf dem Film entspricht, also 0,03 mm. Bei unserem Objektiv entspricht das Beugungsscheibchen einem Winkel von 123 Bogensekunden oder etwa 1/450 der in einer Sekunde zurückgelegten Strecke von 15°. Die Belichtungszeit liegt also bei 1/450 sec.

Jetzt können wir die Beleuchtungsstärke – und daraus die Helligkeit in Größenklassen – berechnen, die ein Meteor haben muß, um verschiedene Schwärzungen auf dem Film zu hinterlassen: eine helle Meteorspur (Schwärzung 2) braucht bei 25 ASA eine Belichtung von 1 Luxsekunde; bei einer Belichtungszeit von 1/450 Sekunde wäre also eine Beleuchtungsstärke auf dem Film von 450 lux erforderlich. Berücksichtigt man den Verstärkungsfaktor des Objektivs, so braucht man für eine deutliche Meteorspur eine Beleuchtungsstärke von $6,4 \cdot 10^{-4}$ lux, was etwa –6. Größenklasse entspricht. Solche Meteore sind äußerst selten – ein empfindlicherer Film ist also notwendig.

Allgemein können wir für die erforderliche Beleuchtungsstärke schreiben

$$(46) \qquad I_M = \frac{B \cdot 25}{V' \cdot t}$$

I_M = Beleuchtungsstärke
B = Belichtung
V' = Verstärkungsfaktor

wobei $V' = (\frac{D_{Ob}}{0,03})^2$ und $t = \frac{0,1}{f}$ ist. Setzen wir für B

– die gewünschte Belichtung – 1 Luxsekunde ein, so gilt die Rechnung für helle Meteorspuren, bei 0,1 Luxsekunden sind schwächere, aber noch deutlich sichtbare Spuren gemeint, und unterhalb von 0,01 Luxsekunden wird man auf dem Film nicht mehr viel erkennen können. Die Tabellen 12a und 12b zeigen die Verhältnisse für die Objektive 2,0/50 mm und 2,8/28 mm.

Meteorfotografie kann der Statistik dienen, da Meteore nämlich nicht immer gleich häufig auftreten. Man belichtet im Laufe einer Nacht immer wieder ein oder mehrere Himmelsfelder (nicht zu lange, damit bei der großen Öffnung die Himmelshelligkeit den Film nicht „zulaufen" läßt) und zählt hinterher die Meteorspuren. Kameras mit Weitwinkelobjektiv scheinen auf den ersten Blick besser geeignet. Sie haben ein größeres Gesichtsfeld und einen kleineren Abbildungsmaßstab, die effektive Belichtungszeit also ist länger als bei einem Normalobjektiv, aber in der Regel ist auch die wirksame Öffnung kleiner. Mit einem Normalobjektiv 2,0/50 mm können, bei Verwendung eines 400-ASA-Filmes, noch Meteore der 2. Größenklasse abgebildet werden, mit einem Weitwinkelobjektiv 3,5/28 mm muß man bereits bei der 0. Größenklasse passen. Zwischen diesen beiden Objektiven gibt es nun auch lichtstärkere Weitwinkel, etwa 2,8/28-mm-Objektive, die die Abbildung von Meteorspuren der 0,5 Größenklasse erlauben.

Mehrmals im Jahr kreuzt die Erde die Bahn interplanetarer Staubwolken. Dann können mehrere helle Meteore pro Minute aufleuchten (man spricht in diesem Zusammenhang von einem Meteorstrom). Verlängert man ihre Bahnen zurück, so scheinen sie alle aus dem gleichen Sternbild zu kommen, dem sogenannten Radianten. So kommen die Perseiden um den 10. August aus der Richtung des Sternbilds Perseus, die Geminiden im Dezember aus den Zwillingen und so fort. Ihre Spuren ziehen sie aber über den ganzen Himmel verteilt, je nachdem,

wo sie vom Beobachtungsort aus gesehen auf die Erdatmosphäre treffen. Fallen sie genau längs der Sichtlinie zum Radianten, so hinterlassen sie nur eine sehr kurze, dafür um so hellere Spur auf dem Film; würden sie dagegen einige hundert Kilometer weiter entfernt niedergehen, dann sähe man sie als langgezogenen Strich in deutlichem Abstand zum Radianten, an einer ganz anderen Stelle des Himmels.

Die Aufleuchthöhe eines Meteors kann man bestimmen, wenn von zwei – einige Kilometer voneinander entfernten – Orten aus die gleiche Himmelsgegend mit möglichst den gleichen Optiken und Filmen fotografiert wird. Der leicht verschobene Blickwinkel, die Parallaxe, genügt bereits, um Entfernungen von 100 und mehr Kilometer messen zu können. Berücksichtigt man dazu noch die Höhe der Meteorspur über dem Horizont (sie kann aus der Lage der Spur relativ zu den Hintergrundsternen berechnet werden), so läßt sich aus Meteorentfernung und Höhe über dem Horizont die Höhe des Aufleuchtens und Verlöschens ermitteln.

Wer noch mehr Informationen aus seiner Aufnahme herausholen will, kann eine rotierende Blende vor das Objektiv setzen, die die Belichtung in regelmäßigen Abständen (1/5 bis 1/10 sec) unterbricht und somit „Zeitmarken" auf den Film bringt. Dann kann man nämlich auch noch die Geschwindigkeit des Meteors berechnen und abschätzen, auf welcher Bahn er vor dem Zusammenstoß mit der Erde geflogen ist.

Tabelle 12a: Notwendige Meteorhelligkeiten für Objektiv 2,0/50 mm

ASA	helle Spur	noch erkennbar	zu schwach
25	−6.2	−3.7	−1.2
50	−5.5	−3.0	−0.5
100	−4.7	−2.2	+0.3
200	−4.0	−1.5	+1.0
400	−3.2	−0.7	+1.8
800	−2.5	0.0	+2.6

Tabelle 12b: Notwendige Meteorhelligkeiten für Objektiv 2,8/28 mm

ASA	helle Spur	noch erkennbar	zu schwach
25	−7,6	−5,1	−2,6
50	−6,8	−4,3	−1,8
100	−6,1	−3,6	−1,1
200	−5,3	−2,8	−0,3
400	−4,6	−2,1	+0,4
800	−3,8	−1,3	+1,2

Die Werte sind nur Anhaltspunkte, da die Himmelshelligkeit (in Abhängigkeit von der Belichtungszeit) die Grenzreichweite ebenso beeinflussen kann wie die Geschwindigkeitskomponente des Meteors senkrecht zur Blickrichtung.

70

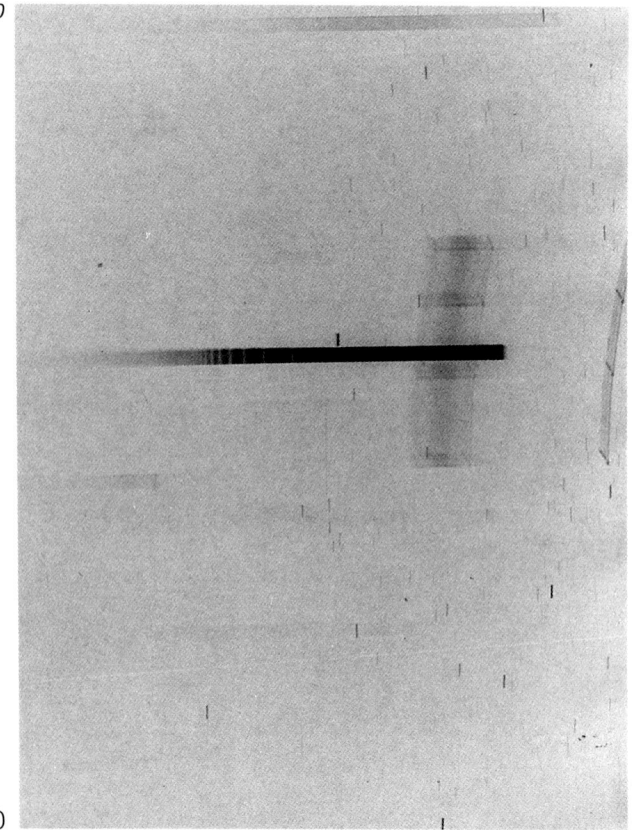

Abb. 70: Ein seltener Glücksfall: Während der Belichtungszeit eines Sirius-Spektrums zog ein Meteor durchs Gesichtsfeld. Er war hell genug, ebenfalls ein Spektrum zu hinterlassen. Deutlich sind vier Helligkeitsausbrüche zu erkennen, die auf Explosionen am Meteor zurückzuführen sind. Der Meteor flog von Osten nach Westen (Osten unten), und entsprechend werden die Abstände zwischen den Explosionen kürzer, die Lichtausbrüche aber heller (Abbremsung). Das Meteorspektrum zeigt keine dunklen Absorptionslinien, sondern – wie zu erwarten – helle Emissionslinien; dabei handelt es sich wahrscheinlich um die Fraunhofersche E-Linie des Eisens (527 nm), die für die grüne Farbe der Feuerkugeln verantwortlich ist, sowie um eine Linie des Heliums bei 502 nm (Helium als Bestandteil der Erdatmosphäre in über 100 km Höhe).

Abb. 71: Ein „Sonnenspektrum über Mars". Die Planeten reflektieren das Sonnenlicht und eignen sich daher zur Vereinfachung der Aufnahmetechnik für ein Sonnenspektrum (man braucht keinen Spalt!); Belichtung 10 Min. auf Kodachrome 64 mit 60-Grad-Flintglas-Prisma vor einem 4,5/240-mm-Objektiv.

Sternspektroskopie

Unsere Kenntnis der chemischen und physikalischen Eigenschaften der Sterne stammt ausschließlich aus der Analyse des Sternlichtes. Schon im frühen 19. Jahrhundert fand Joseph von Fraunhofer im Spektrum der Sonne zahlreiche dunkle Linien, deren Bedeutung ihm aber unklar blieb. Um 1860 erkannten dann Robert Wilhelm Bunsen und Gustav Robert Kirchhoff, daß diese Linien gewissermaßen die unverwechselbaren Fingerabdrücke der chemischen Elemente sind. Zu Beginn unseres Jahrhunderts konnte schließlich Max Planck nachweisen, daß die Intensitätsverteilung im Spektrum eine Aussage über die Temperatur des strahlenden Körpers erlaubt.

Die Anwendung der Spektroskopie auf die Fixsterne zeigte bald, daß sich die Sterne aufgrund ihrer Spektren in verschiedene Klassen einteilen lassen: bei den einen treten die Linien des Wasserstoffs deutlich hervor, bei anderen sind sie weniger stark ausgeprägt und statt dessen Linien der metallischen Elemente zu erkennen. Eine systematische Analyse führte zu der Erkenntnis, daß diese unterschiedlichen Spektraltypen auf verschiedene Oberflächentemperaturen zurückzuführen sind. Man kann also aus dem Spektraltyp auf die Temperatur an der Oberfläche eines Sternes schließen. Eine genauere Auswertung des Spektrums führt sogar zur Bestimmung der wahren Helligkeit des untersuchten Sternes, so daß aus dem Vergleich mit der gemessenen, scheinbaren Helligkeit die Entfernung des Sternes abgeleitet werden kann.

Die Aufnahme von Sternspektren ist auch dem Amateur-Astronomen möglich. Mit einem Prisma oder einem Dia-Gitter sowie einem Teleobjektiv kann man – zumin-

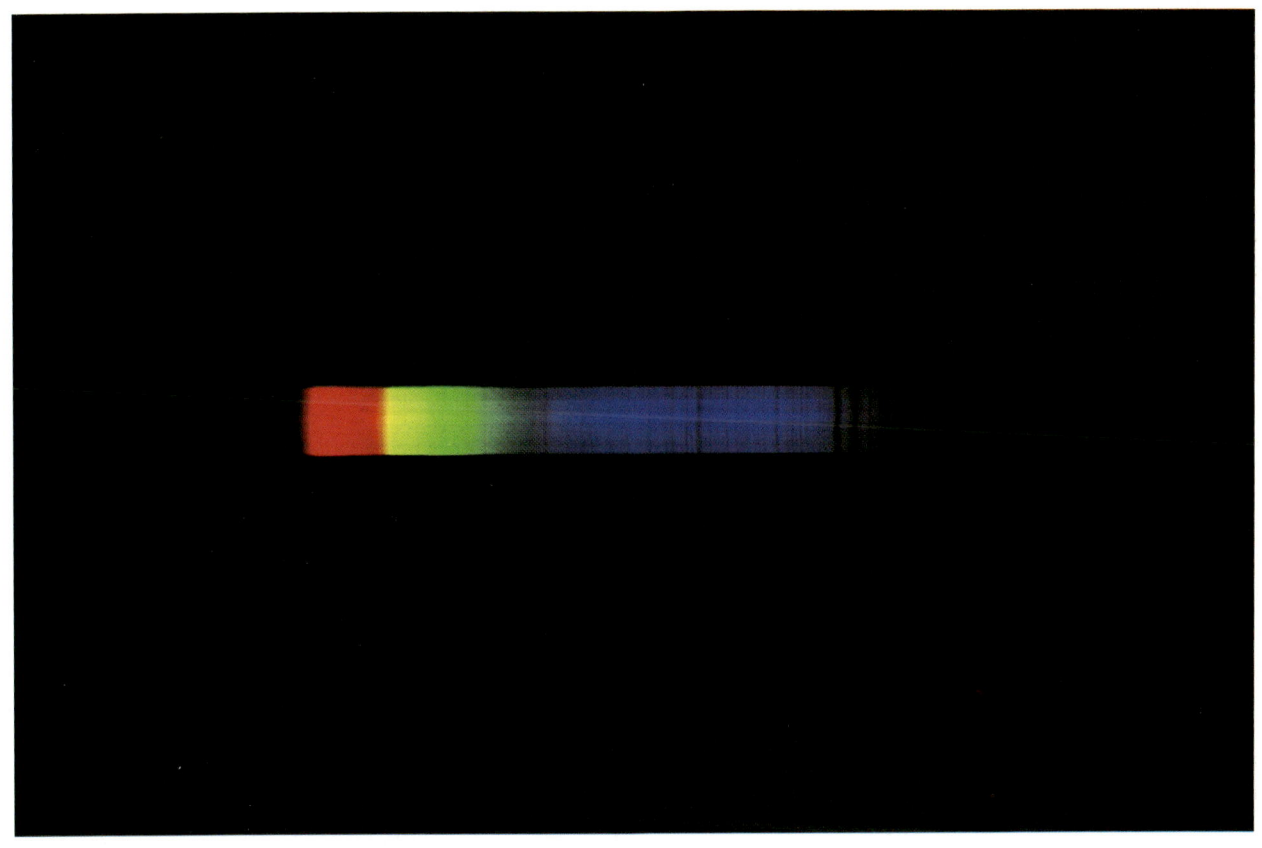

72

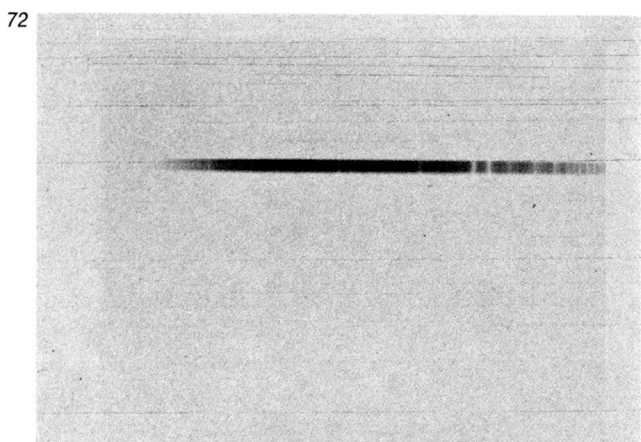

73

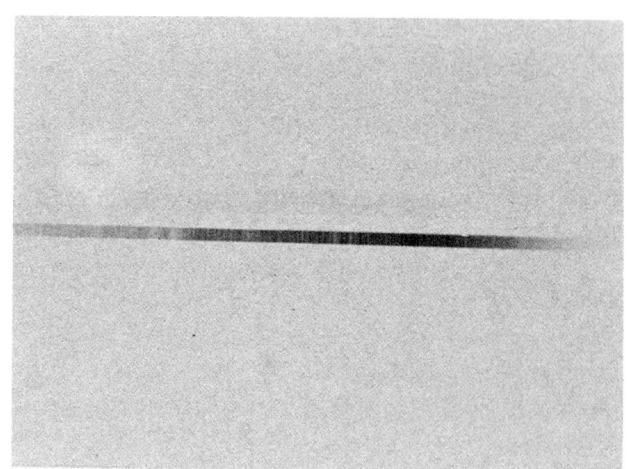

dest von den helleren Sternen – ohne Schwierigkeiten Spektren fotografieren. So bringt beispielsweise ein gleichseitiges Prisma aus Flintglas mit einem brechenden Winkel von 60° zusammen mit einem Teleobjektiv von 240 mm Brennweite ein Spektrum, das zwischen 6563 Nanometer, der roten Wasserstofflinie, und 370 Nanometer, der Grenze der sogenannten Balmerserie, ungefähr 23 mm lang ist. Ein Gitter mit 600 Linien pro Millimeter liefert zusammen mit einem Teleobjektiv von 135 mm Brennweite für den gleichen Wellenlängenbereich ein Spektrum 1. Ordnung von etwa 24 mm Länge. Während das Gitterspektrum aber annähernd linear ist, das heißt, gleiche Abstände auch etwa gleichen Wellenlängenunterschieden entsprechen, erscheinen die Abstände im Prismenspektrum gegenüber den Wellenlängendifferenzen verzerrt. Der Grund hierfür liegt in der sogenannten Dispersion, der Abhängigkeit des Ablenkwinkels von der Wellenlänge: Prismenspektren verkürzen den roten Bereich des Spektrums und dehnen den blauen Bereich.

Da die Sterne punktförmig erscheinen, braucht ein Sternspektrograf keinen Eintrittsspalt. Allerdings erscheint das Sternenlicht nur zu einem dünnen „Farbfaden" auseinandergezogen, den man künstlich verbreitern muß, um die Spektrallinien erkennen zu können. Dies ist entweder unter Ausnutzung der Erdrotation mit

Abb. 72/73: Schon mit einem „einfachen" Prismen-Spektrografen kann man die Änderung der Spektralklasse bei einem Pulsations-Veränderlichen verfolgen. Der Stern δ Cephei wurde einmal bei der Phase 0,08 (nahe Maximum, Spektraltyp F 3) aufgenommen (Abb. 72), einmal bei der Phase 0,658 (nahe Minimum, Spektraltyp G 2, Abb. 73); Belichtungszeit jeweils 16 Min. mit einem 30°-Kronglas-Prisma vor 60/910-Refraktor, auf Kodak 103 aO.

einer ruhenden Kamera möglich – reicht aber nur bei hellen Sternen für eine ausreichende Schwärzung – oder bei nachgeführter Kamera durch ein gezieltes „Pendeln": die Nachführung wird so angesteuert, daß der Leitstern im Fadenkreuz des Leitfernrohres mehrfach über ein definiertes Intervall hin und her pendelt.

Zu beachten ist, daß die Grundflächen des Prismas senkrecht zum Himmelsäquator ausgerichtet sind, die Kante des brechenden Winkels also parallel zum Himmelsäquator verläuft, damit das Spektrum senkrecht zur Bewegungsrichtung der Sterne steht. Nur dann bekommt man senkrechte Linien im Spektrum. Je nach verwendetem Prisma oder Gitter muß die Kamera verschieden stark geneigt gegen die direkte Sehlinie zum Stern ausgerichtet werden, damit das Spektrum überhaupt in das Objektiv und auf den Film gelangt.

Abb. 74: Spektren von Sternen des Sternbildes Orion. Aufgenommen mit 2,8/135-mm-Objektiv und 60°-Flint-Prisma. 5 Min. Belichtung auf Ektachrome 400.

Abb. 75: Spektrum von Jupiter und Mars, aufgenommen im Mai 1980, auf Kodachrome 64,5 Min. Belichtung. Bei der Aufnahme wurde ein 135-mm-Objektiv benutzt mit einem 60°-Flint-Prisma (siehe auch Abb. 76).

74
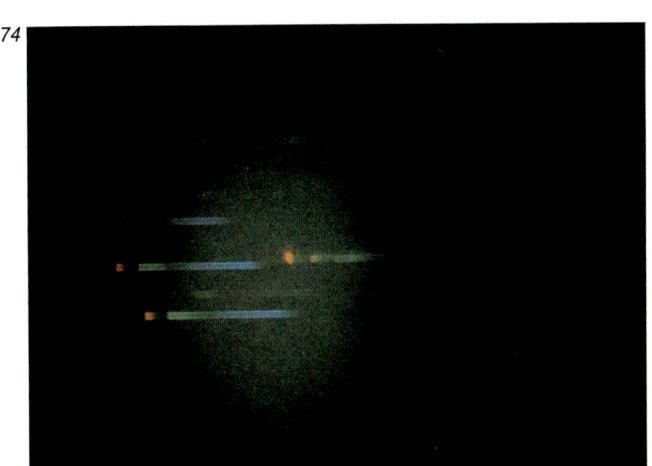

75

Wie groß dieser Winkel sein muß, läßt sich aus den Formeln für den Strahlengang im Prisma beziehungsweise Gitter einfach bestimmen.

Beim Prisma gilt (für den symmetrischen Strahlengang im Minimum der Auslenkung) die Beziehung

$$(47) \qquad \sin \frac{\gamma + \delta}{2} = n \cdot \sin \frac{\gamma}{2}$$

γ = Brechungswinkel
n = Brechungsindex
δ = Ablenkwinkel

Für ein Flintglasprisma ($n = 1,61$) mit einem brechenden Winkel von 60° erhalten wir δ zu 47°. Bei einem entsprechenden Prisma aus Kronglas ($n = 1,51$) ist der Ablenkwinkel nur 38° – allerdings ist ein Spektrum mit diesem Prisma auch etwas kürzer.

Der Ablenkwinkel des Gitters ergibt sich aus der Beziehung

$$(48) \qquad g \cdot \sin \delta = z \cdot \lambda$$

g = Gitterkonstante
z = Ordnungszahl
λ = Wellenlänge

Setzen wir die mittlere Wellenlänge des Spektrums zu 500 Nanometer, so errechnet sich der Ablenkwinkel ei-

nes Gitters mit 600 Linien pro Millimeter ($g = 1/600$ mm) zu etwa 17,5°. Der günstigste Wert für z ist 1.

Wichtig ist ferner ein genügend großes Prisma beziehungsweise Gitter, das das Objektiv voll ausleuchtet. Beim Gitter, das ja senkrecht zum einfallenden Licht montiert wird, kann man durch einfaches Messen der Gitterfläche den wirksamen Objektivdurchmesser bestimmen, beim Prisma muß man ein bißchen rechnen. Die größte Lichtstärke wird beim Prismenspektrograf erzielt, wenn der minimale Ablenkwinkel des Lichtes gewählt wird, wenn das Spektrum also möglichst kurz ist (nur dann gilt ja auch die genannte Beziehung für den Ablenkwinkel). Das Objektiv „sieht" dann die Austrittsfläche unter einen Winkel von $90° - (\gamma - \frac{\delta}{2})$, und entsprechend erscheint ihm die eine Seite der Austrittsfläche um den Cosinus dieses Winkels verkürzt (vergl. Abbildung). Damit bei einem 60°-Flintglas-Prisma das genannte Teleobjektiv 4,5/240 mm (Durchmesser der wirksamen Öffnung ungefähr 53 mm) noch voll ausgeleuchtet wird, müssen die Grundseiten des Prismas mindestens 90 mm lang sein:

$$(49) \qquad 90 \text{ mm} \cdot \cos \left[90° - (60° - \frac{47°}{2}) \right] =$$

$$= 90 \text{ mm} \cdot \cos 53,5° = 53,5 \text{ mm};$$

für die Höhe des Prismas reichen 55 mm.

Astro-Fotografie als Hobby

Abb. 76: Zur Fotografie von Stern- und Planetenspektren wurde hier eine Kamera mit eigenem Objektiv und aufgesetztem Prismenkopf an ein C 8 montiert. Ein Gegengewicht sorgt dafür, daß das Teleskop im Gleichgewicht bleibt.

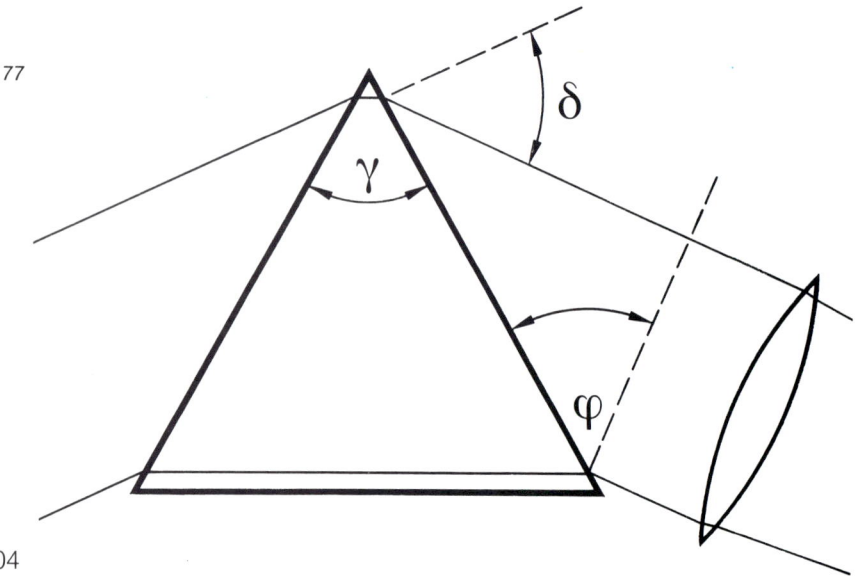

Abb. 77: Schematische Darstellung des Strahlenganges durch ein Prisma. Durch den Brechungswinkel γ und den Brechungsindex läßt sich der Ablenkwinkel δ berechnen. Der Ausfallswinkel φ soll genauso groß wie der Einfallswinkel sein.

Beim Gitter muß, beim Prisma sollte der Einfall von direktem Licht auf die Fotoschicht vermieden werden.

Der „Verkürzungswinkel" $\varkappa$ ergibt sich aus der Abbildung zu $90° - (60° \frac{\delta}{2})$; entsprechend erscheint die dem Objektiv zugewandte Seite des Prismas um cos $\varkappa$ verkürzt.

Auch für die Belichtungszeit einer Spektralaufnahme kann man anhand einer abgeleiteten Beziehung Richtwerte berechnen. Da das Licht zu einem Faden der Breite 0,03 mm und (bei den genannten Voraussetzungen) der Länge 23 mm ausgezogen wird, kann man die Fläche des Spektrums berechnen und in Relation zur Fläche des Objektivs setzen; auf diese Weise gewinnt man den Verstärkungsfaktor. Für das 4,5/240-mm-Teleobjektiv liegt er beispielsweise bei rund 3250. Die schon oft benutzte Formel für die Belichtungszeit

$$(50) \qquad t^p = \frac{B \cdot 25\,ASA}{I \cdot V \cdot E}$$

t^p = Belichtungszeit
B = Belichtung
I = Beleuchtungsstärke
V = Verstärkungsfaktor
E = Empfindlichkeit in ASA

führt bei einer für Spektralaufnahmen ausreichenden Belichtung von 0,1 Luxsekunden und einer Filmempfindlichkeit von 400 ASA für einen Stern nullter Größenklasse zu knapp 1 Sekunde. Da andererseits der Beugungsstreifen bei der gegebenen Brennweite einem Winkel von rund 26 Bogensekunden entspricht, bewirkt die Erddrehung nach 1,7 sec eine erkennbare Verschiebung des Spektrumfadens. Setzen wir dies als Belichtungszeit in die Formel ein, so erhalten wir als Grenzgröße etwa 0,6 (bei 400 ASA und einer Belichtung von 0,1 Luxsekunden). Die Breite des Spektrums hängt dann bei ruhender Kamera von der Belichtungszeit ab — 30 sec bringen ungefähr 0,5 mm, was zum Erkennen der Linien völlig ausreicht.

Bei der Pendelmethode läßt man die Kamera ebensolange ruhen, führt sie dann anhand des Fadenkreuzes im Okular des Leitfernrohres wieder auf die Ausgangsposition zurück und wiederholt diesen Vorgang mehrfach. Eine Belichtungszeit von 10 Minuten reicht dann für 20 Pendelbewegungen, so daß jeder Beugungsfaden 20 · 1,7 sec oder etwa 34 sec lang belichtet wird. Setzen wir dies unter Berücksichtigung des Schwarzschild-Exponenten in die Formel für die Grenzintensität ein, so erreichen wir bei einer gewünschten Belichtung von 0,1 Luxsekunden mit einem 400-ASA-Film und dem genannten Objektiv noch ungefähr Sterne der 3. Größenklasse. Ein derart hochempfindlicher Film ist zwar nicht sehr feinkörnig, doch würde eine langsamere Emulsion die Belichtungszeit sehr verlängern.

Wichtig für Spektralaufnahmen ist eine breite spektrale Empfindlichkeit des Films. Es kommen also nur panchromatische Filme oder Farbfilme in Frage (Probleme bei Farbfilmen siehe unten). Günstig für die Spektralfotografie sind die Astro-Emulsionen von Kodak, vor allem, weil ihr Schwarzschild-Exponent fast 1 ist. Mit ihnen kann man bei Belichtungszeiten von einer Stunde mit dem beschriebenen Objektiv-Prisma und der Pendelmethode noch Sterne bis herunter zur 5. Größenklasse aufnehmen.

Anwendungsmöglichkeiten für die Spektrografie gibt es genügend, von der einfachen Aufnahme verschiedener Spektralklassen über die Beobachtung spektraler Veränderungen bei veränderlichen Sternen (Pulsationsveränderliche und besondere Bedeckungsveränderliche) bis hin zur Detailanalyse mit Hilfe eines Photometers zur Messung der Linienschwärzung.

Auch ein „indirektes" Sonnenspektrum kann man mit diesem einfachen Spektrograf aufzeichnen. Da die Planeten ja nur Sonnenlicht reflektieren, genügt es, ein Planetenspektrum aufzunehmen. Wer dagegen das Sonnenspektrum direkt fotografieren möchte, braucht zusätzlich vor dem Prisma oder Gitter einen Spalt und eine Kollimatorlinse. Die Aufnahme eines Flash-Spektrums der Chromosphäre ist im Kapitel Sonnenfotografie beschrieben.

Man kann umgekehrt eine Spektralaufnahme auch benutzen, um die Empfindlichkeit eines Filmes für die ein- 105

Veränderliche Sterne

Schluß „Sternspektroskopie"

zelnen Wellenlängenbereiche zu testen. Wird zum Beispiel die rote Wasserstofflinie bei 656 Nanometer, die für Aufnahmen leuchtender Gasnebel von Bedeutung ist, noch hinreichend aufgenommen? Bei der Verwendung von Farbfilmen wird man erkennen, daß sie trotz der additiven Farbmischung aus den Grundfarben Rot, Gelb und Blau oft eine auffallende „Gelblücke" aufweisen.

Eine „vereinfachte" Sternspektroskopie kann auch ohne Prisma oder Gitter durchgeführt werden. Dazu mißt man die Helligkeit der Sterne in zwei engen Spektralbereichen und bestimmt aus ihrer Differenz den sogenannten Farbindex. Man braucht dazu eine Rot- und eine Blaufilteraufnahme der gleichen Himmelsgegend (mit entsprechend sensibilisierten Filmen). Wenn man dann anhand einiger bekannter Helligkeiten die Helligkeits-Schwärzungskurve bestimmt hat (siehe Helligkeitsbestimmung), kann man für jeden Stern die Rot- und Blauhelligkeit ermitteln. Ist die Rothelligkeit größer, so gehört der Stern je nach Größe des Unterschiedes zu den Spektraltypen F, G, K oder M, ist die Blauhelligkeit größer, zählt er zu den 0- oder B-Sternen; Sterne der Spektralklasse A (genauer: A0 – die Spektralklassen werden nämlich noch einmal in 10 Stufen von 0 bis 9 unterteilt) haben definitionsgemäß den Farbindex Null; sie erscheinen am Himmel rein weiß.

Der Anblick des Sternenhimmels ist keineswegs so unveränderlich, wie er sich dem Betrachter während eines kleinen Zeitraums darstellt. Zwar erscheint die Bewegung der einzelnen Sterne untereinander extrem langsam und ist nur über Jahrzehnte hinweg mit großen Fernrohren und einem riesigen Meßaufwand nachzuweisen und zu bestimmen. Aber daneben gibt es auch Sterne, die ihre Helligkeit verändern, leuchten hin und wieder sogenannte Neue Sterne auf, Sterne, die man vorher aufgrund ihrer zu geringen Helligkeit kaum oder gar nicht beachtet hatte. Während solche Nova-Ereignisse jedoch immer unregelmäßig und ohne Ankündigung auftreten, zeigen die meisten veränderlichen Sterne ein durchaus regelmäßiges Verhalten: im Abstand weniger Stunden bis zu einigen Jahren verändern sie mehr oder minder periodisch ihre Helligkeit.

Zur Beobachtung der veränderlichen Sterne bietet die fotografische Methode den Vorteil, daß man die momentane Helligkeit des Objektes später in aller Ruhe und mit der erforderlichen Sorgfalt und Genauigkeit bestimmen und eventuelle Meßfehler durch Wiederholung korrigieren kann. Bestimmt man die Sternhelligkeit darüber hinaus mit einem Fotowiderstand, so kann man die Genauigkeit gegenüber der visuellen Stufenschätzmethode um den Faktor 2 und mehr steigern.

Man muß grundsätzlich zwischen zwei verschiedenen Typen von veränderlichen Sternen unterscheiden, den sogenannten physisch Veränderlichen, bei denen innere Vorgänge zu einer wirklichen Veränderung des Sternes führen, die sich in einer Helligkeitsänderung bemerkbar macht, und sogenannte Bedeckungsveränderliche, bei denen sich zwei Sterne gegenseitig umlaufen und wir ziemlich genau auf die gemeinsame Bahnebene der Sterne blicken, also gegenseitige Verfinsterungen und Bedeckungen beobachten können. Bei diesen Bedeckungsveränderlichen wird man extrem regelmäßige Perioden erwarten dürfen, ähnlich wie bei den Verfinsterungen und Schattendurchgängen der Jupitermonde. Der bekannteste Vertreter dieser zweiten Gruppe ist Algol im Sternbild Perseus, der alle 2,867 Tage seine Helligkeit von 2.2 auf 3.5 Größenklassen verringert.

78

Abb. 78: Das Sternbild Cassiopeia enthält eine Vielzahl veränderlicher Sterne unterschiedlicher Typen, die man alle mit einer Aufnahme „überwachen" kann. 10 Minuten belichtet auf GAF 500 mit Objektiv 2,0/35-mm.

Ausschnitt aus der nebenstehenden Aufnahme: Sternbild Cassiopeia und Umgebung mit einigen eingezeichneten Veränderlichen.

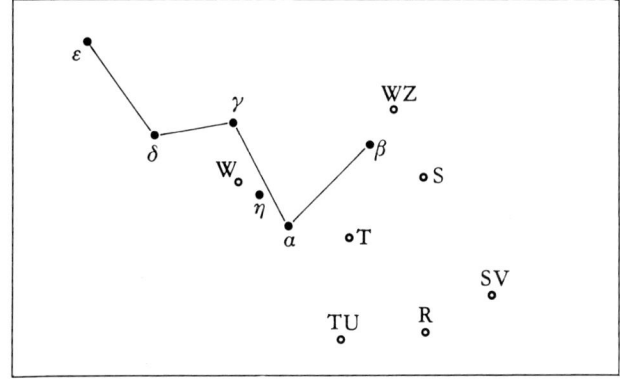

Bei der Beobachtung der Bedeckungsveränderlichen kommt es darauf an, die Länge des Helligkeitsab- und -anstiegs sowie Zeitpunkt und Dauer des Minimums möglichst exakt zu bestimmen, weil man daraus einiges über die Bahn- und Größenverhältnisse der beiden beteiligten Sterne ableiten kann. Man muß also während dieser Zeiten eine ganze Serie von Aufnahmen in möglichst regelmäßigen Abständen machen. Dabei muß die Belichtungszeit klein sein gegenüber der Zeit, in der die Helligkeit merklich variiert.

Mißt man später die jeweilige Schwärzung des Negativs für einen Kontrollstern mit einem Fotowiderstand oder bestimmt die Helligkeit nach der Durchmessermethode, so kann man die Helligkeit des Veränderlichen durch Vergleich mit bekannten Helligkeiten der Umgebungssterne recht genau ermitteln. Da man den Helligkeitswechsel über die Zeit auftragen will, ist es bei Veränderlichenfotos besonders wichtig, die genaue Aufnahmezeit in einem Beobachtungsbuch festzuhalten. Nur dann kann man auch Aufnahmen aus verschiedenen Abstiegs- oder Anstiegsphasen miteinander kombinieren, um möglichst viele Meßwerte zu bekommen und die Pe-

riode möglichst genau bestimmen zu können. Dies ist auch dann erforderlich, wenn während der Aufnahmeserie Wolken aufziehen oder der Helligkeitsabstieg beziehungsweise -anstieg zum Teil in die Tagstunden fällt. Bei den physisch Veränderlichen kennt man mehrere Klassen, die sich im wesentlichen durch ihre Lichtkurve unterscheiden, also verschiedene Perioden und Helligkeitsverläufe haben. Da gibt es beispielsweise die sogenannten Mira-Sterne, langperiodisch Veränderliche mit Perioden von mehr als 80 Tagen und Helligkeitsschwankungen von 5 und mehr Größenklassen. Ihr bekanntester Vertreter ist Mira im Walfisch, ein Stern, dessen Helligkeit alle 11 Monate zwischen 2. bis 4. und 10. Größenklasse schwankt.

Bei diesen langperiodisch Veränderlichen genügen Aufnahmen im Abstand von einigen Tagen für eine hinreichende Dichte der Meßwerte zur Bestimmung der Lichtkurve. Zu beachten ist, daß die Mira-Sterne aufgrund ihres Spektraltyps im wesentlichen langwelliges, also rotes Licht aussenden und man daher auf jeden Fall einen rotempfindlichen Film einsetzen muß.

Neben diesen Mira-Sternen gibt es kurzperiodisch Ver- 107

änderliche vom Typ δ-Cephei, Sterne, die mit Perioden von 1 bis 50 Tagen ihre Helligkeit um 1 bis 2 Größenklassen verändern. Ihr Prototyp, δ-Cephei, erreicht alle 5,366 Tage sein Helligkeitsmaximum mit 3.5 Größenklassen; während des Minimums ist er nur 4.3 Größenklassen hell. Daß es sich bei diesen Sternen wirklich um physisch Veränderliche handelt, kann man nicht zuletzt auch an Veränderungen im Sternspektrum erkennen (vergleiche dazu „Sternspektroskopie").

Je kürzer die Periode, desto kleiner ist in der Regel auch die Helligkeitsschwankung, und entsprechend schwierig wird die fotografische Überwachung, vor allem bei lichtschwächeren Objekten.

Wenn ein neuer Stern am Himmel aufleuchtet, wird er sehr rasch zum „Star" der Astronomen. Neue Sterne, auch Novae genannt, sind nämlich in Wirklichkeit gealterte Sterne, die mit ihrem Helligkeitsausbruch eine Art „Herzinfarkt" durchleben. Entsprechend wichtig ist eine möglichst lückenlose Beobachtung solcher Nova-Erscheinungen für die Theorien über die Sternentwicklung. Meßbar sind dabei die Helligkeitsveränderung und spektrale Besonderheiten. Letztere sind einem Amateurastronomen allerdings nur bei besonders hellen Novae „zugänglich", wenn die Grenzgrößenklasse der spektrografischen Einrichtung überschritten wird. Es ist müßig darauf hinzuweisen, daß auch bei Nova-Fotografien die genauen Aufnahmedaten registriert werden müssen.

Sternhelligkeiten aus einer Himmelsaufnahme

Bei der fotografischen Beobachtung veränderlicher Sterne erfordert die Auswertung eine Bestimmung der Sternhelligkeit. Dazu gibt es verschiedene Methoden. Zum einen kann man den Durchmesser des Sternbildchens in Beziehung zur Sternhelligkeit setzen. Dabei macht man sich die Tatsache zunutze, daß die auf den Film auftreffende Strahlung dort um so stärker „verläuft", je stärker sie ist. Dieser Effekt ist vergleichbar mit dem Auseinanderlaufen eines Honigtropfens auf einer Brotscheibe: je größer die Honigmenge, desto breiter wird der Klecks.

Um den Zusammenhang zwischen Sternhelligkeit und Sternbilddurchmesser herzustellen, muß man – für jede Aufnahme extra – eine Durchmesser-Helligkeitskurve erstellen: man braucht einige bekannte Sternhelligkeiten, bestimmt von diesen Sternen die Bild-Durchmesser und trägt beides in ein Diagramm ein. Das Ergebnis ist eine Reihe von Punkten, die man „ausgleichend" durch eine Kurve miteinander verbindet, wobei ausgleichend heißt, daß die Kurve keine „Ecken" haben darf, sondern möglichst „glatt" sein muß, auch wenn sie nicht genau durch alle Punkte hindurchführt. Diese Kurve wird bei geringen Helligkeitsunterschieden meist geradlinig verlaufen, bei größeren Helligkeitsabständen dagegen mit sinkender Helligkeit allmählich immer flacher werden.

Die Größe der Abweichungen der Einzelpunkte von der durchgezogenen Kurve sagt bereits etwas über die Genauigkeit der Helligkeits-Durchmesser-Beziehung aus: je besser die Punkte mit der Kurve zusammenfallen, desto kleiner kann man den „Meßfehler" ansetzen. Will man nun die Helligkeit des zu untersuchenden Sterns ermitteln, so braucht man nur vom entsprechenden Durchmesserwert eine Gerade parallel zur Helligkeitsachse zu ziehen; vom Schnittpunkt dieser Geraden mit der Kurve fällt man dann das Lot auf die Helligkeitsachse und kann so die dem gemessenen Durchmesserwert entsprechende Helligkeit ablesen. Die erzielbare Genauigkeit dieser Methode liegt bei etwa 0,2 Größenklassen.

Die Durchmesser der Sternbildchen bestimmt man am einfachsten, indem man das Negativ oder Dia mit einem Diaprojektor oder Vergrößerungsapparat auf eine ebene Fläche projiziert und dann die „Sterngrößen" mit einem Lineal ausmißt. Da das sowohl für den „gesuchten" als auch für die Vergleichssterne durchgeführt wird, kann der Vergrößerungsmaßstab vernachlässigt werden. Ungenauigkeiten bei diesen Messungen können unter anderem durch die Schwierigkeit hervorgerufen werden, den Sterndurchmesser exakt abzugrenzen: ein Sternbildchen hat in der Regel keinen scharf definierten Rand. Man kann diese Schwierigkeit umgehen, indem man die Schwärzung des Filmes bestimmt. Dazu braucht man eine möglichst konstant leuchtende Lampe (Mikroskop-

108

79

80

Abb. 79: *Am 29. August 1975 leuchtete im Sternbild Schwan eine Nova auf, tauchte ein „neuer Stern" am Himmel auf. Dieses Bild entstand wenige Tage nach dem Helligkeitsmaximum und zeigt die Nova als hellsten Stern in diesem Feld. Aufnahme mit Objektiv 1,8/55 mm, Belichtung 6 sec auf Tri-X, bei stehender Kamera.*

Abb. 80: *Die Aufnahme zeigt die gleiche Region wie Abbildung 79, wurde jedoch bereits im Jahre 1973 aufgenommen. An der Stelle, wo drei Jahre später die Nova aufleuchtete, ist kein Stern zu erkennen – er war damals zu lichtschwach, um auf dem Bild zu erscheinen. Aufnahme mit Objektiv 3,5/135 mm, Belichtung 5 min auf Tri-X.*

lampe), eine Meßblende, ein Mikroskop und einen Fotowiderstand samt Milli-Ampere-Meter und Spannungsversorgung. Wenn man dann die einzelnen zu vermessenden Sterne unter die Meßblende im Mikroskop legt und den Film von unten beleuchtet, wird – je nach Sternhelligkeit und von ihr hervorgerufener Filmschwärzung – unterschiedlich viel Licht auf den Fotowiderstand fallen und dort verschieden starke Ströme auslösen: bei einem Dia kommt mit wachsender Helligkeit mehr Licht durch, bei einem Negativ entsprechend weniger. Man trägt dann die Stromwerte (im Milli-Ampère-Bereich) gegen die bekannten Sternhelligkeiten auf und verfährt weiter wie bei der Durchmesser-Helligkeits-Bestimmung.

Zum andern kann man die Sternhelligkeit auf dem projizierten Bild auch mit Hilfe der Stufenschätzmethode ermitteln. Dazu braucht man mindestens zwei, besser mehr Vergleichssterne, deren Helligkeiten nicht sehr von der des zu untersuchenden Sterns abweichen. Von ihnen ausgehend, „kreist" man die gesuchte Helligkeit des Sterns „ein", indem man in Helligkeitsstufen abschätzt, um wieviel heller oder schwächer der fragliche Stern im Verhältnis zu den Vergleichssternen ist. Dabei entspricht ein eben noch erkennbarer Unterschied der Stufe 1, ein etwas deutlicher sichtbarer der Stufe 2, eine sofort auffallende Abweichung (je nach Auffälligkeit) der Stufe 3 oder 4. Ist der Vergleichsstern A beispielsweise deutlich heller als der Stern X, so schreibt man A 3 X; ist andererseits X nur unwesentlich heller als B, schreibt man X 1 B. Damit liegen dann zwischen A und B insgesamt 4 Helligkeitsstufen. Beträgt ihr Helligkeitsunterschied 0,8 Größenklassen, so entspricht eine Helligkeitsstufe einer Größenklassendifferenz von 0,2. Der Stern X ist dann 0,6 Größenklassen schwächer als A und 0,2 Größenklassen heller als B.

Koordinatenbestimmung
aus einer Himmelsaufnahme

Gelegentlich stellt sich das Problem, die Koordinaten eines Punktes auf einer Sternfeldaufnahme zu bestimmen, zum Beispiel, wenn man Planetoiden oder Kometen fotografiert und ihre Bahn verfolgen möchte. Auch die umgekehrte Aufgabe will hin und wieder gelöst sein, wenn man zwar die entsprechende Himmelsgegend fotografiert hat, aber nicht weiß, welcher der vielen Lichtpunkte nun das gesuchte Objekt mit vorgegebenen Koordinaten ist.

In beiden Fällen müssen die Koordinaten (Rektaszension und Deklination) von zwei Sternen auf der Aufnahme bekannt sein; sie genügen, um die entsprechenden Werte des gesuchten Objektes bestimmen zu können.

Zunächst einmal müssen Abbildungsmaßstab und Orientierung der Aufnahme festgelegt werden. Bezeichnen wir den Winkelabstand zwischen den beiden bekannten Sternen 1 und 2 mit Δ, so gilt

$$(51) \quad \cos \Delta = \sin \delta_1 \, \sin \delta_2 + \cos \delta_1 \, \cos \delta_2 \, \cos (\alpha_1 - \alpha_2)$$

wobei die Differenz der beiden Rektaszensionswerte in Grad (Stundenwert mal 15) angegeben sein muß. Die Nordrichtung bildet dann mit der Verbindung der Sterne 1 und 2 (gemessen bei 1) den Winkel ν, für den die Beziehung

$$(52) \quad \cos \nu = \frac{\sin \delta_2 - \sin \delta_1 \, \cos \Delta}{\sin \Delta \, \cos \delta_1}$$

gilt. Je nachdem, ob die Rektaszension von 1 größer oder kleiner als die von 2 ist, wird der Winkel nach links beziehungsweise rechts angetragen.

Diese beiden Rechnungen kann man noch ohne Verwendung der Aufnahme durchführen. Nun aber müssen wir die linearen Maße aus der Fotografie bestimmen. Große Sternwarten benutzen dazu einen Koordinaten-Meßtisch hoher Präzision. Für unsere Zwecke genügt aber auch ein Vergrößerungsapparat oder ein Diaprojektor. Mit ihm projizieren wir das Negativ oder Dia auf ein

Blatt Papier und zeichnen die Positionen der Sterne 1

und 2 sowie des „unbekannten" Objektes x ein. Dann werden die Längen (1-2) und (1-x) bestimmt, ebenso der Winkel zwischen 1-2 und 1-x, den wir mit ϱ_x bezeichnen. Um nun die Länge des Bogens Δ_x zu ermitteln, müssen wir rechnen

$$(53) \quad \Delta_x = \frac{\Delta}{(1-2)} \, (1-x)$$

Daneben brauchen wir noch den Winkel ν_x, den wir aus der Addition oder Subtraktion der beiden Winkel ν und ϱ_x erhalten (welche der beiden Rechnungen durchzuführen ist, zeigt eine einfache Überlegung).

Die Umkehrung der beiden ersten Formeln führt uns dann zu den gesuchten Werten für die Rektaszension und Deklination des „unbekannten" Objekts:

$$(54) \quad \sin \delta_x = \cos \nu_x \sin \Delta_x \cos \delta_1 + \cos \Delta_x \sin \delta_1$$

$$(55) \quad \cos (\alpha_1 - \alpha_x) = \frac{\cos \Delta_x - \sin \delta_1 \cos \delta_x}{\cos \delta_1 \cos \delta_x}$$

Sind die Koordinaten des dritten „Sterns" bereits bekannt, so kann man seine Werte Δ_3 und ν_3 nach den beiden ersten Formeln berechnen und die dazugehörige Strecke und den Winkel auf das Papier einzeichnen. Auch hier muß man die Länge der Strecke nach der dritten Formel bestimmen. Legt man dann das Papier wieder unter den Vergrößerungsapparat bzw. projiziert das Dia auf das Papier, so kann man aus dem vorbestimmten Ort den gesuchten Stern identifizieren.

Zwei Beispiele mögen das Verfahren erläutern. Ausgehend von einer Aufnahme des Sternbilds Löwe mit bekannten Koordinaten für die Sterne α (1) und γ (2), wollen wir die Koordinaten für β ableiten. Die vorgegebenen Werte sind

α: $10^h 07^m$ $12°05'$
γ: $10^h 18^m 6$ $19°58'$

Daraus errechnet sich Δ zu $8,36°$ und ν zu $19,09°$, angetragen nach rechts. Eine Projektion der drei Sterne auf

81

Abb. 81: Das Sternbild Löwe, aufgenommen 20 Sekunden mit Objektiv 28 mm/1:3,5 auf GAF D 500 bei stehender Kamera.

ein Blatt Papier bildet die Strecke Δ zu 5,72 cm ab, die Strecke Δ_x zu 16,88 cm und den eingeschlossenen Winkel zu 61°. Damit wird v_x zu 80,1° und Δ_x zu 24,76°. Mit diesen beiden Werten schließlich erhalten wir für die Deklination von β 15,1° und für die Rektaszension $11^h 48^m 2$ (zum Vergleich: der Katalog nennt 14,8° und $11^h 48^m 8$). Die Abweichung zur vorgegebenen Position beträgt rund 0,4° oder (durch die Projektion „nachvergrößert") 2,7 mm; dies ist nur wenig mehr als die Größe der Sternbildchen, liefert also schon eine beachtliche Genauigkeit. Der Fehler wird um so kleiner, je kleiner das abgebildete Himmelsareal ist (bzw. je kleiner der Abstand der Sterne untereinander ist), da dann die Abweichungen zwischen der „gewölbten" Himmelssphäre und der ebenen Filmschicht immer kleiner werden.

Unweit von Regulus steht der langperiodisch Veränderliche R Leonis mit den Koordinaten $\alpha_R = 9^h 46^m 3$ und $\delta_r = 11°33'$. Seine Entfernung Δ_R zu Regulus beträgt 5,1°, sein Winkel gegen die Nordrichtung 95,5°; addiert man den Winkel v dazu, so muß die Strecke Regulus-R-Leonis mit der Verbindung Regulus γ Leonis einen Winkel von 114,6° bilden. In unserer Projektion müßte

R Leonis dann etwa 3,5 cm von Regulus entfernt stehen. Die Abweichung von dieser „vorausberechneten" Position liegt bei weniger als 2 mm oder etwa 12 Bogenminuten.

Die extremen Genauigkeitsanforderungen, die das Problem „Bahnbestimmung" stellt, können mit dieser Methode nicht ganz erfüllt werden. Dazu gibt es andere Verfahren, die Abbildungsfehler, Bildfeldkrümmungen und weitere „Störeffekte" berücksichtigen, die aber auch einen entsprechend höheren Rechenaufwand erfordern. 111

Fotografie von Gasnebeln und Galaxien

Die lichtsammelnde Wirkung der fotografischen Emulsion macht ihren Einsatz für die Fotografie von lichtschwachen Gasnebeln und entfernten Milchstraßen besonders reizvoll, kann man doch auf dem Foto Objekte sehen, die im Fernrohr oft nur einen unscheinbaren Eindruck machen. Das beste Beispiel dafür ist der Andromedanebel, unsere nächste große Nachbarmilchstraße. Wer sie in einem der vielen Astro-Bilderbüchern einmal gesehen hat und sie dann durchs Fernrohr beobachtet, ist mehr als nur enttäuscht.

Die Fotografie dieser Objekte ist fast ausschießlich nur mit Teleobjektiven und im Fernrohrfokus sinnvoll. Aus dem gegebenen Winkeldurchmesser kann man die Mindestbrennweite errechnen, die erforderlich ist, damit das Objekt eine bestimmte Größe auf dem Film erreicht:

$$(56) \qquad f = \frac{360°}{2\pi} \cdot \frac{x}{\varrho}$$

f = Mindestbrennweite
x = Größe des Bildes auf dem Film in mm
ϱ = Winkeldurchmesser in Grad

Die Zentralregion des Orionnebels beispielsweise hat einen Durchmesser von etwa 1°. Soll dieser Bereich auf dem Film 5 mm groß werden, so braucht man eine Brennweite von rund 30 cm. Will man andererseits den Ringnebel in der Leier noch als Ring erkennen – sein Durchmesser wird mit 1 Bogenminute angegeben und sollte auf dem Film mindestens 0,2 mm groß werden –, so braucht man schon rund 1 m Brennweite.

In Katalogen ist bei Gasnebeln und Galaxien immer die sogenannte Flächenhelligkeit angegeben. Sie entspricht der Helligkeit, die das Objekt als punktförmige Lichtquelle hätte. Daneben findet man Angaben über die Ausdehnung, also die Fläche am Himmel, die es einnimmt. Meist ist jedoch die Helligkeit sehr ungleichmäßig über diese Fläche verteilt und auf eine helle Kernregion konzentriert. Dies muß man berücksichtigen, wenn man die notwendige Belichtungszeit ausrechnen will.

So hat zwar die Zentralregion des Orionnebels einen Durchmesser von rund 1°, doch ist das helle Kerngebiet nur etwa 5 Bogenminuten groß; der überwiegende Anteil der Flächenhelligkeit, die mit 2^m8 angegeben wird, stammt aber aus diesem kleinen Bereich. Fotografiert man daher den Orionnebel mit einem Teleobjektiv von 240 mm Brennweite bei Blende 4,5, dann wird der Zentralbereich auf dem Film etwa 0,35 mm groß. Der Durchmesser der wirksamen Öffnung dagegen beträgt 53,3 mm, so daß der Verstärkungsfaktor in diesem Fall bei rund 23000 liegt. Unsere Formel für die notwendige Belichtungszeit

$$(57) \qquad t^p = \frac{1\ \text{lxsec} \cdot 25\ \text{ASA}}{I \cdot V \cdot E}$$

t = notwendige Belichtungszeit
I = Beleuchtungsstärke
V = Verstärkungsfaktor
E = Filmempfindlichkeit in ASA
^{p} = Schwarzschild-Exponent

führt bei einem Film mit 50 ASA und einem Schwarzschild-Exponenten von 0,8 auf rund 8 Minuten für eine Belichtung von 1 Luxsekunde. Man erkennt dann auf dem Foto die Kernregion deutlich belichtet, die übrigen Bereiche der Zentralregion dagegen nur angedeutet. Wollte man auch sie hinreichend stark belichten (der Kern wird dann überbelichtet), so muß man die „große Fläche" bei der Berechnung des Verstärkungsfaktors verwenden. Bei einem Objektiv 2,8/135 mm wird die Gesamtfläche der Zentralregion auf dem Film einen Durchmesser von rund 2,4 mm haben, so daß sich – zusammen mit dem Durchmesser der wirksamen Öffnung von 48 mm – ein Verstärkungsfaktor von 420 ergibt. Jetzt braucht man bei 400 ASA und einem Schwarzschild-Exponent von 0,8 eine Belichtungszeit von rund 90 Minuten.

In der gleichen Zeit liefert aber selbst der „ideal dunkle" Nachthimmel eine Belichtung von etwa 0,35 Luxsekunden, das heißt, die Aufnahme läuft bereits deutlich zu. Vom Streulicht „ungestört" kann man Gasnebel und Milchstraßen eigentlich nur mit einem Rotfilter fotografieren, doch haben diese eine starke Auswirkung auf die notwendige Belichtungszeit. Sie wird nicht nur verdop-

82

pelt oder vervierfacht, sondern zusätzlich durch den Schwarzschild-Exponenten verlängert: ein Vierfach-Rotfilter beispielsweise läßt bei p = 0,8 aus 15 Minuten rund 85 Minuten werden, bei p = 0,7 wächst die erforderliche Belichtungszeit sogar auf 110 Minuten!

Will man die zusätzliche Verlängerung durch den Schwarzschild-Effekt verringern, muß man auf die fast linearen Astro-Emulsionen von Kodak zurückgreifen. Da man bei leuchtenden Wasserstoffnebeln ohnehin mit einer Empfindlichkeit im Bereich der roten Wasserstofflinie bei 656 Nanometer auskommt, empfiehlt sich der Kodak 103aE zusammen mit einem Rotfilter. Zwar gibt es im Bereich der Balmer-Serie des Wasserstoffs auch noch Linien mit kürzeren Wellenlängen, doch ist deren Intensität im Verhältnis zur Hauptlinie vergleichsweise gering. Wer auf sie aber nicht verzichten möchte, braucht einen Film, der zumindest bis 480 Nanometer empfindlich ist (z.B. Kodak 103aF), und dazu einen sogenannten Nebelfilter.

Abb. 82: Der offene Sternhaufen Praesepe im Sternbild Krebs, aufgenommen am 18. März 1980, Belichtung von 22.11 bis 22.21 MEZ mit einem Canon 4,0/100-mm-Makro-Objektiv, auf Kodak 103 aF.

Für Galaxien gilt diese Überlegung natürlich nur indirekt, denn von ihnen kommt Licht aller Wellenlängen, es handelt sich bei ihnen ja um Sternsysteme. Da darüber hinaus die blauen Sterne die heißesten und damit hellsten Sterne einer Milchstraße sind, kommt man bei Verwendung eines Rotfilters in arge Bedrängnis — man filtert nicht nur das störende Streulicht aus, sondern auch wesentliche Teile des Galaxienlichts. Die Benutzung des Kodak 103aF, der jenseits von 450 Nanometer nicht mehr sehr empfindlich ist, ist jedoch trotzdem besser als ein Zulaufen des Bildes aufgrund des Streulichtes.

83

Bei Sternenhaufen empfiehlt sich dagegen der Einsatz einer speziell blauempfindichen Emulsion wie zum Beispiel des Kodak 103aO. Jetzt kann man den störenden Dunst nämlich durch eine vergleichsweise lange Brennweite unterdrücken, die Sterne werden ja sowieso auf das Beugungsscheibchen verschmiert. Die abgebildete Himmelsfläche dagegen wird mit zunehmender Brennweite immer kleiner, so daß immer weniger Streulicht auf die gleiche Filmfläche gelangt. Möchte man aber die Reflexionsnebel, die bei offenen Sternhaufen, z.B. den Plejaden, auftreten, mit auf den Film bannen, wächst die Belichtungszeit durch die geringe Lichtstärke allerdings ziemlich an. Dann macht sich der günstige Schwarzschild-Exponent des Kodak 103aO positiv bemerkbar.

Wenn man die Nachführprobleme in den Griff bekommt (siehe dort), kann man Gasnebel, Sternenhaufen und Milchstraßen auch im Brennpunkt eines Fernrohres fotografieren, dabei sind Spiegelteleskope aufgrund ihrer meist größeren Lichtstärke den Refraktoren überlegen. Allerdings ist dabei zu bedenken, daß das nutzbare Feld eines Newton-Spiegelteleskops ziemlich klein ist – außerhalb der zentralen Region des Gesichtsfeldes machen sich Bildfehler störend bemerkbar und führen zu einer nicht mehr punktförmigen Abbildung der Sterne. Ideal für Sternfeldaufnahmen, Gasnebel und Milchstraßen ist die Schmidt-Kamera. Sie besteht aus einem Kugelflächen-Spiegel (im Gegensatz zum Reflektor, der einen Parabolspiegel besitzt) und einer Korrektionslinse,

Abb. 89: Nordamerika- und Pelikan-Nebel (15.8.77)
Belichtung 40 Min. Kompositaufnahme.
RA 20^h Dekl. + 44°

Platte	103 a0	Filter 2B
	103 aG	12
	103 aE	92

89

verschieden empfindlichen drei Schichten – und die außerordentlichen Qualitäten des schwarzweißen Kodak 103 zu kombinieren. Sie erdachten das „Farb-Composit-Verfahren" und liefern seit einigen Jahren fantastische Farbdias von vielen interessanten Himmelsobjekten. Das Prinzip ist, drei Aufnahmen desselben Motivs in den drei Farbbereichen, die den Schichten eines Diafilms entsprechen, in Schwarzweiß zu machen, und zwar mit dem Kodak 103 a.

Für den „Blauauszug" dient der UV- und blauempfindliche Kodak 103 aO, wobei das verfälschende UV durch ein Sperrfilter (Schott KV 389) zurückgehalten wird.

Der „Grünauszug" entsteht auf dem blau- und grünempfindlichen Kodak 103 aG, wobei ein Blau-Sperrfilter (Schott KV 470) dafür sorgt, daß nur das grüne Licht den Film schwärzt.

Der „Rotauszug" entsteht mit dem blau- und rotempfindlichen Kodak 103 aE, wobei ein Rotfilter (Schott OG 590) nur das rote Licht durchläßt.

Die drei Bilder werden nun auf Schwarzweiß-Diapositiv-Material auf exakt gleiche Größe vergrößert und durch „monochrome Entwicklung" mit Farbstoffen in Farbbilder umgewandelt, jedes Bild in seine Komplementärfarbe: der Blauauszug wird gelb, der Grünauszug purpur und der Rotauszug blaugrün. Legt man alle drei Bilder paßgerecht aufeinander, entstehen in der Durchsicht durch subtraktive Farbmischung – wie beim normalen Diafilm – die ursprünglichen Farben. Das Verfahren ist zwar sehr aufwendig, die Ergebnisse lohnen jedoch die Mühe.

In vielen Fällen ist schon ein einfacheres Vorgehen sinnvoll: wenn es darum geht, nur das im Weltraum vorherrschende Rot aufzunehmen. Für solche Aufnahmen braucht man ein Filter, das nur für einen schmalen Bereich der Wellenlängen um die Linie Hα bei 656,3 nm das Licht des ionisierten Wasserstoffs durchläßt, zum Beispiel Schott OG 590.

Eine bessere Möglichkeit ist eine Kombination des Kodak-Filters Wratten 29, das alle Wellen unter etwa 610 nm sperrt, mit einem Film Kodak 103 aE, der etwa zwischen 550 und 670 nm besonders empfindlich ist.

Damit erhält man eine Aufnahme in dem recht engen Bereich von 610 bis 670 nm, der die Wellenlänge von Hα enthält.

Auf diese Weise lassen sich kontrastreiche Aufnahmen der leuchtenden Gasnebel erhalten, etwa des Orionnebels, des Nordamerikanebels oder des Rosettennebels. Nicht nur für Farbaufnahmen, auch im Schwarzweißbereich kann das Composit-Verfahren erhebliche Bildverbesserungen bringen. Legt man zum Beispiel zwei Negative vom gleichen Motiv paßgerecht aufeinander, so addieren sich die Schwärzungen. Zunächst könnte man meinen, das bringt nichts Besonderes außer dem gleichen Effekt, den man mit einer längeren Belichtungszeit erreichen würde. Betrachten wir aber den Fall genauer! Bei Astroaufnahmen von Sternfeldern ist die optimale Belichtungszeit erreicht, wenn der Himmelhintergrund gerade anfängt, geschwärzt zu werden. Das bedeutet, daß sich das Korn des Filmmaterials hier bemerkbar macht, daß feine Strukturen von Nebeln und schwache Sterne in diesem Hintergrund verschwinden. Wann dieser Punkt erreicht ist, hängt vom Öffnungsverhältnis und von der Filmempfindlichkeit ab. Die nachfolgende Tabelle gibt Anhaltswerte für die Belichtungszeit in Minuten, bei der der dunkle Himmelshintergrund erste Schwärzungen verursacht. Sie gilt für ideale Verhältnisse. In der Praxis, erst recht in Großstadtnähe, ist erheblich kürzer zu belichten.

Tabelle 14

ASA	Blende 2	2,8	4	5,6	8	11
400	0,2		0,5	1	2	4	8
200	0,5		1	2	4	8	16
100	1		2	4	8	16	32
64	2		4	8	16	32	64

Man sollte möglichst von diesen Werten entfernt bleiben, und das erreicht man dadurch, daß man vom gleichen Motiv zwei Aufnahmen mit jeweils halber Belichtungszeit hintereinander macht. Legt man hinterher beide aufeinander, so addiert sich die Schwärzung zum Beispiel der Sterne. Der Himmelshintergrund dagegen bleibt im Negativ hell.

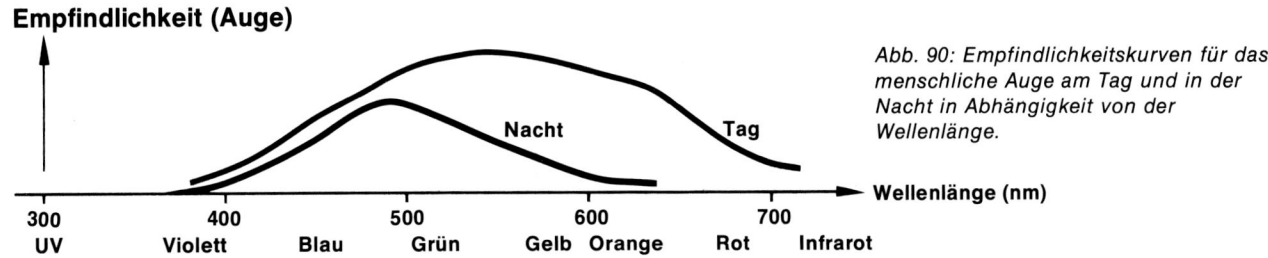

Empfindlichkeit (Auge)

Abb. 90: Empfindlichkeitskurven für das menschliche Auge am Tag und in der Nacht in Abhängigkeit von der Wellenlänge.

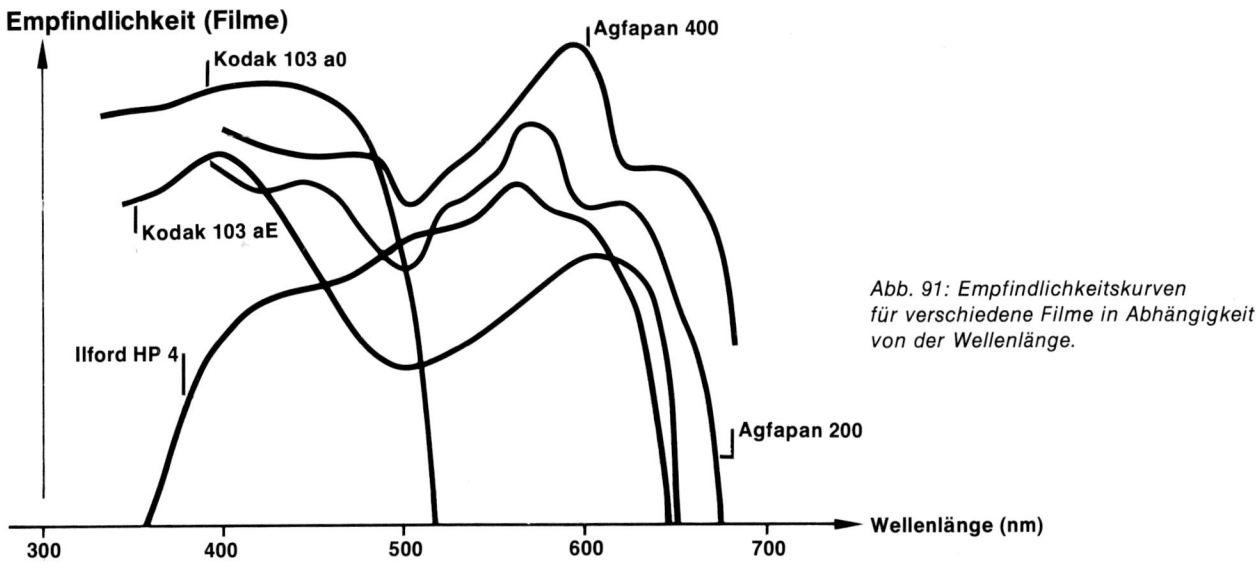

Empfindlichkeit (Filme)

Abb. 91: Empfindlichkeitskurven für verschiedene Filme in Abhängigkeit von der Wellenlänge.

Ein weiterer Vorteil zeigt sich in den feinen Strukturen von Nebeln: auf den Einzelaufnahmen macht sich hier die Körnigkeit bemerkbar. Beim Aufeinanderlegen jedoch wird die unterschiedliche Verteilung der Körner ausgeglichen, die Fläche ist nicht mehr pünktchenweise gesprenkelt, sondern gleichmäßiger grau. Und feine Sternchen, die durch zarte Nebelschleier leuchten, könnten bei Einzelaufnahmen ein zufälliges Korn sein. Beim Aufeinanderlegen addiert sich hier die Schwärzung: sie bedeutet eindeutig ein Sternchen. Das heißt aber, daß durch das Aufeinanderlegen die Aufnahme kontrastreicher wird, außerdem wird die Grenzgröße gesteigert. Der Effekt wird noch deutlicher, wenn man mehr als nur zwei Aufnahmen nimmt, fünf oder gar zehn. Die Einzelbelichtungszeiten müssen dazu natürlich entspre-

chend kürzer sein. Das wirkt sich übrigens auf den Schwarzschild-Effekt günstig aus: bei zehn Aufnahmen braucht man für jede einzelne nicht etwa 1/10 der Gesamtbelichtungszeit, sondern weniger. Natürlich kann diese Unterteilung nicht beliebig fortgesetzt werden. Die Grenze liegt dort, wo eine ausreichende Belichtung des Filmbildes nicht mehr gewährleistet ist. Für das nachträgliche exakte Aufeinanderlegen der einzelnen Aufnahmen können einige markante Sterne als Paßpunkte dienen.

Auch in der Planeten-Fotografie hat sich das Composit-Verfahren bewährt. Bei der Nachvergrößerung macht sich grobes Korn sehr störend bemerkbar. Durch Aufeinanderlegen vieler Einzelbilder kann die „Körnigkeit" wesentlich verringert und der Kontrast verstärkt werden. 125

*Abb. 92: Der Rosettennebel (NGC 2244) im Sternbild Einhorn,
60 Min. mit einem 5,6/300-mm-Objektiv und Orangefilter
auf Kodak 103 aE belichtet.*

Krönung der Astro-Fotografie im eigenen Foto-Labor

Über den Sinn und Zweck eines eigenen Fotolabors ist in anderer Beziehung als zur Astro-Fotografie bereits viel geschrieben worden, und es gilt als klar bewiesen, daß viele Vorteile für ein eigenes Fotolabor sprechen, wenn man mehr aus seinen Filmen und Bildern herausholen will, als es die Massenkopien der Großlabors ergeben. Hinzu kommt, daß man häufig die in der Astrofotografie meist noch dominierenden Schwarzweißvergrößerungen beim Fotohandel gar nicht mehr ausführen lassen kann. Ganz davon abgesehen, daß der zweite Teil des Foto-Hobbys – die Film- und Bildentwicklung – persönlich großen Spaß macht. Denken wir doch auch an den Hobby-Nebeneffekt ,,Urlaubsfotos, Porträts usw.''. Sie können beliebige Bildausschnitte und Vergrößerungen viel individueller wählen, Sie können experimentieren mit Über- und Unterbelichtungen, Doppelbelichtungen usw. Dazu ist die eigene Arbeitskraft kostenlos, man bezahlt nur das Arbeitsmaterial. Und das spürt man deutlich, wenn größere Mengen an Filmen und Bildern verarbeitet werden.

Die Eigenverarbeitung von Film und Bild bringt deshalb ganz besonders bei der Astrofotografie große Vorteile. Astroaufnahmen verlangen noch mehr als herkömmliche Aufnahmen nach Eigeninitiative. Oft geht es nämlich darum, einen Film nicht ganz zu Ende belichten zu müssen, weil Belichtungsversuche zwischendurch überprüft werden sollen, oder aus dem Filmbild wird nur ein bestimmter Ausschnitt gewählt, den man aber erst unter dem Vergrößerungsgerät endgültig festlegen kann. Vielfach müssen Versuche angestellt werden, um zum optimalen Ergebnis zu kommen; bei Astroaufnahmen ist das aufgrund der hohen Kontraste (Sterne/Himmel z.B.) öfter der Fall als bei herkömmlichen Fotos.

Gerätetechnische Probleme und Handhabungs-Schwierigkeiten seitens des eigenen Fotolabors gibt es keine. Der Gerätepark ist aus einer Hand erhältlich; das heißt, Sie müssen nicht erst alles aus verschiedenen Kanälen zusammentragen, sondern können die notwendigen Geräte, wie z.B. Entwicklungsdosen, Vergrößerungsgerät plus Zubehör, Bildentwicklungsgeräte, Trockengeräte u.a.m., aus einem Hersteller-Angebot beziehen.

Wir denken dabei beispielsweise an das Durst-Programm – mit dem auffallenden Merkmal, daß hier Vergrößerungsgeräte vertreten sind, mit denen Sie wirtschaftlich einsteigen können. Es handelt sich um Universalvergrößerer für Color und Schwarzweiß. Der bei Astroaufnahmen vorherrschende Schwarzweißprozeß kann jederzeit ablaufen, und trotzdem besteht die Möglichkeit auch den Farbprozeß mit einzubeziehen.

Ein Vorteil des modernen Fotolabors ist, daß die erforderlichen Prozesse überwiegend im Hellen ablaufen – selbstverständlich mit Ausnahme der Handhabung der lichtempfindlichen Materialien (Filmeinspulen, Papierbelichtung).

Die Filmentwicklung

Das Entwickeln der Filme, als erster Schritt, läuft zunächst ,,professionell'' ab. Die Entwicklung vollzieht sich unsichtbar im Dunkeln, und man sollte sich streng an die Gebrauchsvorschriften der Hersteller der Lösungen – Entwickler und Fixierbad – halten. Wichtig ist, daß bei der nassen Behandlung in der Entwicklerdose jegliche Fehler durch Luftbläschen oder beim Trocknen durch Staub vermieden werden. In Sternfeldern stören solche Pünktchen mehr als in einer Landschaftsaufnahme!

Die eigene Filmentwicklung bringt wie gesagt einen entscheidenden Vorteil mit sich: man muß nicht einen kompletten Film durch die Kamera jagen. Wurde zum Beispiel ein Sternfeld eine Viertelstunde lang belichtet oder ein paar Probeaufnahmen von einem Kugelsternhaufen mit unterschiedlichen Belichtungszeiten gemacht, möchte man schnell das Ergebnis haben.

Das ist innerhalb einer halben Stunde möglich: man betätigt den Filmtransport um ein weiteres Bild, öffnet in der Dunkelkammer die Kamera-Rückwand und schneidet den Film kurz vor der Filmspule ab (mit viel Vorsicht und Fingerspitzengefühl, damit nicht der Schlitzverschluß oder die Kamera-Innenseiten beschädigt werden). Der belichtete Teil des Films läßt sich nun – bei gedrücktem Rückspulknopf – herausziehen und in die Entwicklerdose einlegen.

Das aus der Filmpatrone herausragende Ende des noch

93

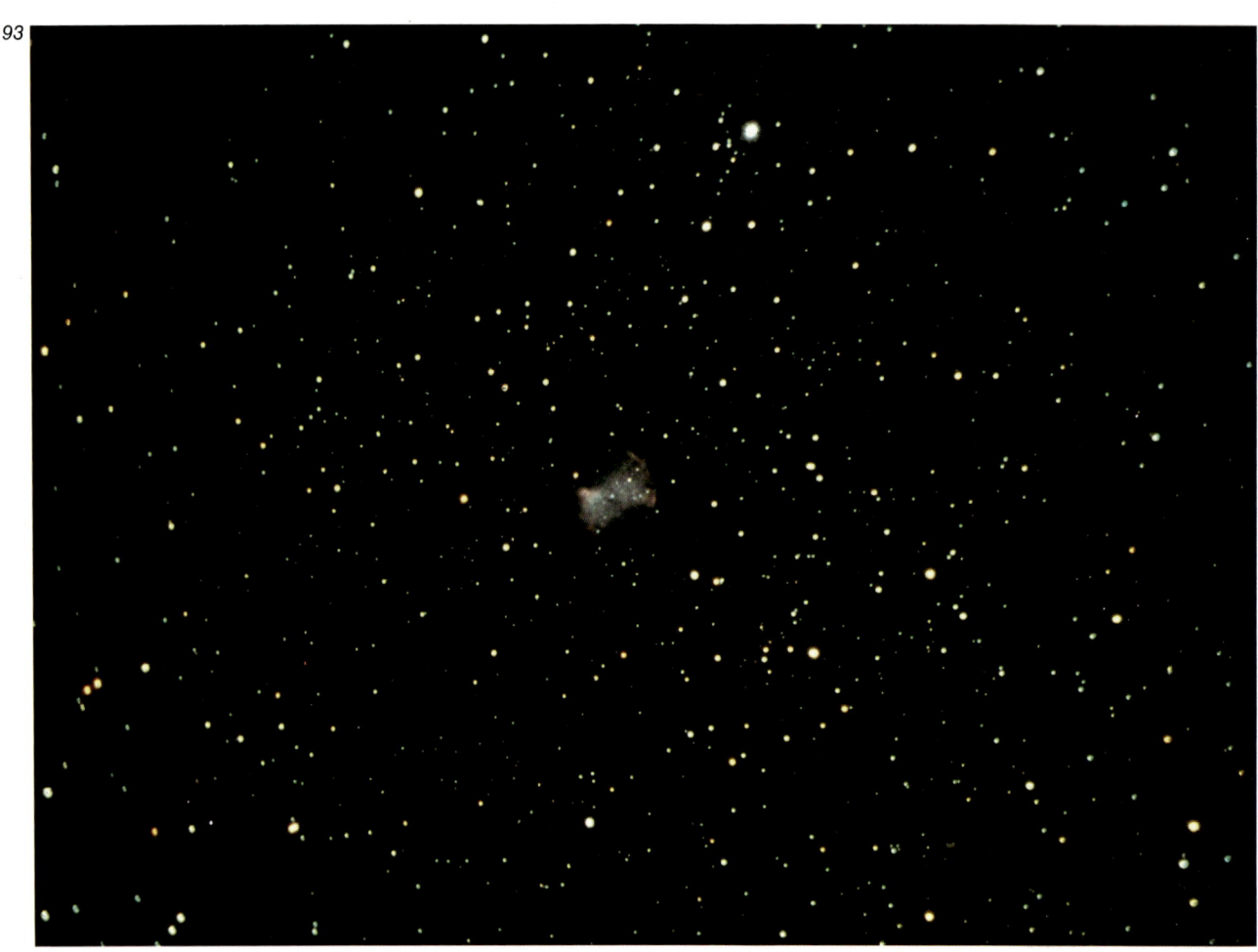

unbelichteten Films kann man – nachdem es wie der Anfang eines ganzen neuen Films zugeschnitten wurde – wieder einfädeln und weiterfotografieren. Zu beachten ist, daß das Bildzählwerk jetzt entsprechend weniger anzeigt.

Eine wichtige Größe beim Entwickeln ist die Temperatur des Entwicklungsbades. Davon hängt die Entwicklungsdauer ab. Meist ist es ratsam, die untere Grenze der angegebenen Temperaturwerte anzustreben. Sonst verliert das Bild etwas an Kontrast. Und es läßt sich auch die Filmempfindlichkeit besser ausnutzen*, indem man länger entwickeln kann. Jedoch darf man beides nicht übertreiben. Bei zu kaltem Bad reagiert die Schicht nicht genügend, bei zu warmem kann sich eine Kornvergröberung einstellen; ebenso bei übertriebener Entwicklungsdauer. Am günstigsten sind Temperaturen um 18°C. Unter 15°C besteht die Gefahr, daß man die Eigenschaften des Entwicklers „unterläuft".

---

* Hier wird fälschlicherweise oft von Filmempfindlichkeitssteigerung gesprochen. Indem man einen Film anstatt auf z. B. Nennempfindlichkeit von 21 DIN auf eine solche von 24 DIN belichtet, vollzieht sich keine Empfindlichkeitssteigerung, sondern eine andere (bessere) Ausnutzung der gegebenen Filmempfindlichkeit bzw. des Belichtungsspielraumes. (Im Grunde ist es eine Unterbelichtung, die bei der Entwicklung wieder ausgeglichen werden muß.)

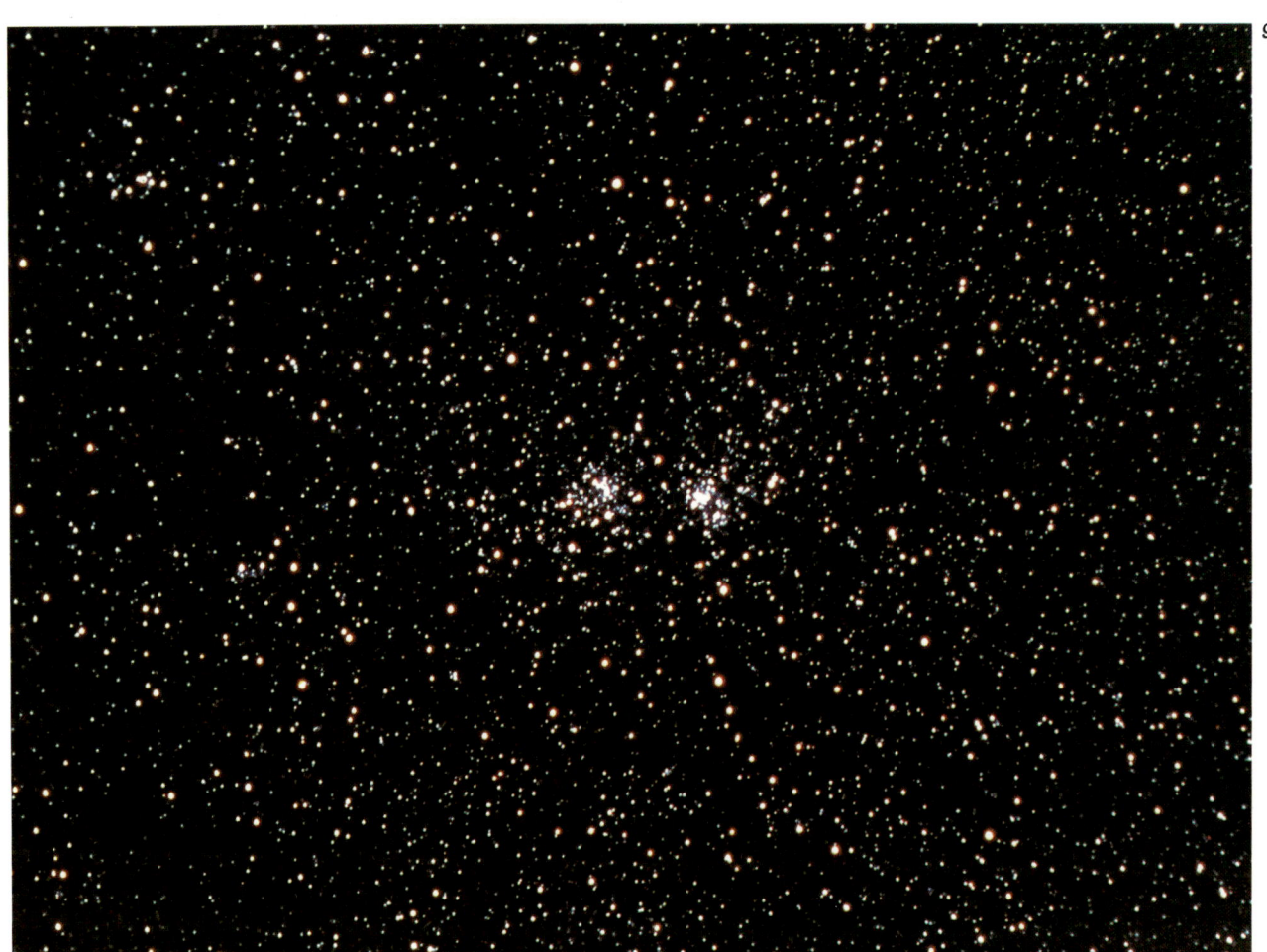

Abb. 93: Der Hantelnebel. Aufgenommen mit einem C 5, Einsatz einer Kühlkamera, Belichtung 15 Min. auf Color-Diafilm Ektachrome 400.

Abb. 94: Der Doppelsternhaufen χ und h Persei, aufgenommen mit einer 5,5"-Schmidt-Kamera. Belichtung etwa 10 Min. auf Ektachrome 400.

Man sollte zum Entwickeln immer Feinkornentwickler benutzen. Sie können zwar kein feineres Korn schaffen, als durch den Film vorgegeben ist, vermeiden aber eine Kornvergröberung. Eine längere Entwicklungsdauer, als für die gegebene Temperatur vorgegeben, wird oft angewandt, um zum Beispiel aus einem 27-DIN-Film einen 30er zu machen. Das geht oft auf Kosten der Feinkörnigkeit, oder es entstehen leicht Grauschleier. Es gibt jedoch spezielle Entwickler, mit denen die Empfindlichkeit gefahrlos besser ausgenutzt werden kann. Mit dem Ilford-Entwickler „Microphen" zum Beispiel werden zusätzlich etwa 2 DIN gewonnen, je nach Verdünnung so- 129

95

Abb. 95: Der Pferdekopfnebel im Sternbild Orion. Aufnahme mit einer 5,5"-Schmidt-Kamera, Belichtung etwa 20 Min. auf hochempfindlichem Color-Diafilm.

Abb. 96: Der Crabnebel. Aufgenommen mit einem Celestron 8
(Schmidt-Cassegrain-Reflektor [d = 20 cm]), Belichtung 15 Min.
mit Kühlkamera, auf Color-Diafilm GAF D 500.

96

97

Abb. 97: Für die Ausarbeitung im Heimlabor empfehlen sich
Vergrößerungsgeräte der Spitzenklasse, wie hier von Durst:
Universalvergrößerungsgerät für Farb- und Schwarzweiß-
Vergrößerungen M 605 Color (Negativformat bis max.
6 x 6 cm). Dazu Belichtungsrahmen Durst COMASK, Labor-
lampe Durst TRICOLOR und für die Papier-Entwicklung
Chemikalien-Temperiergerät Durst COTERM, Tageslichtent-
wicklungstrommel Durst CODRUM, Trommelbewegungsgerät
Durst COMOT und Belichtungsschaltuhr TIM 60 und Entwick-
lungsuhr Durst COLTIM.

gar noch mehr. Mit dem Zweistufen-Entwickler „Emofin" wird der Film um 6 DIN besser genutzt. Das heißt, bei der Belichtung eines 27-DIN-Films (400 ASA) kann man davon ausgehen, daß der Film (durch die spätere Entwicklung) für 33 DIN (1600 ASA) genützt werden kann. Die Belichtungszeiten verkürzen sich damit auf 1/4.

Ähnliches gilt für den Ektachrome 400 von Kodak. Auf Wunsch entwickelt die Umkehranstalt den Film „auf 33 DIN". Das Korn wird dabei etwas gröber, aber erfreulicherweise bleibt die Farbtreue dabei erhalten.

Beim Selbstentwickeln droht leicht eine Gefahr von zu warmen Bädern und von zu krassen Temperaturdifferenzen in den Bädern. (Das gilt auch für das Wässern von Papierbildern, wenn man in mehreren Bädern wässert!) Einmal kann die Gelatine empfindlich reagieren und wie eine alte Haut schrumpeln. Oder die Silberhalogenide in der Schicht ziehen sich zusammen, es gibt Anhäufungen von Körnern und dazwischen leere Stellen: es kommt zur „Runzelkorn-Bildung".

Nach dem anschließenden Fixieren ist der Film lichtunempfindlich, nach kurzer Wasserspülung kann man ihn begutachten. Bei Probeaufnahmen ist das oft wichtig, wenn das Fernrohr draußen auf die nächsten Aufnahmen mit erprobter optimaler Belichtungszeit wartet. Der Film muß aber anschließend noch gründlich gewässert werden, um das Fixiersalz auszuwaschen, mindestens 15 Minuten in leicht fließendem Wasser.

Bei mehreren Bildern von Sternfeldern hintereinander ergibt sich oft folgende Schwierigkeit: es ist nicht erkennbar, wo ein Bild aufhört und das nächste beginnt. Die auf „normalen" Filmen hellen Filmbild-Begrenzungsstege zwischen den dunklen negativen Bildern fehlen, denn der dunkle Nachthimmel ist im Negativ so hell wie die Ränder und Stege des Films.

Als Markierung braucht man zunächst mindestens zwei Bilder (eins am Anfang, das andere am Ende der Serie),

98

Abb. 98: Falls für spezielle Schwarzweiß-Vergrößerungen ein Kondensorbeleuchtungssystem erwünscht wird, kann der Farbmischkopf des M 605 Color gegen die Kondensorhaube ausgetauscht werden. Schwarzweißvergrößerungen werden nicht in der Trommel, sondern in Schalen entwickelt.

deren Schwärzung über das ganze Format deutlich erkennbar ist, also etwa Blindaufnahmen in eine helle Lampe. Von diesen aus kann man den Abstand der Einzelbilder bestimmen (die Begrenzungsstege zwischen zwei Negativen/Dias sind bei den so zahlreichen Fotokameras etwas unterschiedlich). Zwischen den Bildern läßt sich nun als Marke ein kleiner Strich mit einem Filzschreiber ziehen.

Der nächste Schritt, vom Negativ zum vergrößerten Positiv, bietet vielfältige Möglichkeiten der Bildgestaltung. Eine wichtige Aufgabe bei Astrofotografien ist, daß keine Informationen des Negativs dabei verlorengehen, sie sollen sogar oft deutlicher werden.

Die vielfältige Positivtechnik

Für die Vergrößerung der Bilder gilt ähnliches wie für die Vergrößerung am Fernrohr: Übertreibungen bringen nur eine Vergrößerung der „Schmutz-Effekte", und man will ja nicht die einzelnen Filmkörner betrachten; ähnlich wie man bei der Betrachtung des Fernsehbildschirms mit einer Lupe nur noch Farbpunkte und keine Bilder mehr sieht. Bei Aufnahmen von Mondlandschaften etwa hängt es von der Qualität, in erster Linie von der Schärfe des Originals ab, wie weit man nachvergrößern kann. Dabei ist es auch Geschmacksache, ob man eine Ausschnittvergrößerung ins Album klebt oder einen „Riesenmond" an die Wand hängt. Bei der Herstellung von plakatähnlichen Bildern dürfen Unschärfe und Körnung etwas lockerer behandelt werden.

Die Vergrößerungspapiere werden mit unterschiedlichen Gradationen* im Handel angeboten: von Extra Weich über Weich, Spezial, Normal, Hart bis Extra Hart (Gradationsziffern 0 bis 5). Hart bedeutet, daß zwischen den Weißen im Bild (den Lichtern) und der tiefsten Schwärzung (den Schatten) nur ein kleiner Spielraum zur Verfügung steht – es entsteht ein hoher Kontrast zwischen hell und dunkel, ohne viel Zwischenstufen; bei weichem Papier liegen mehr Graustufen zwischen weiß und schwarz. Welches Papier man benutzt, kommt auf den Kontrast im Negativ an, auf die Art der Aufnahme, darauf also, ob zarte Lichter oder Sternpunkte das Motiv

sind, und es ist wiederum – in geringem Umfang – Geschmacksache. Um feine Tönungen (Einzelheiten) der Mondoberfläche, zum Beispiel Geisterkrater oder fast strukturlose Mare-Gegenden, die sich schlecht hervorheben, zu verstärken, eignet sich härteres Papier. Allerdings sind oft bei Bildern vom gesamten Mond die Kontraste, besonders zwischen den harten Kraterschatten am Terminator und der sonnenbeschienenen Kante des Mondes, so stark, daß man für eine bessere Bildwirkung lieber zu einem weicheren Papier greift. Bei halb beleuchtetem Mond kommt auf einem Foto sowieso der Helligkeitsunterschied zwischen Mitte und Rand viel stärker heraus, als man es vom Anblick mit dem bloßen Auge her gewohnt ist.

Um diese Differenz zu mildern, hilft auch eine unterschiedliche Belichtung der einzelnen Partien. In den Strahlengang zwischen Vergrößerungs-Objektiv und Papier hält man eine schwarze Pappe, die man während der Belichtung langsam in der Richtung wegzieht, daß die sonnenbeschienene Seite (die auf dem Negativ am dunkelsten ist) die längste Belichtung bekommt. Dabei soll – entsprechend der nicht linear verlaufenden Helligkeitszunahme – die Pappe erst langsam und dann immer schneller weggezogen werden. So entsteht leicht ein unterschiedlich dunkler Himmelshintergrund. Durch ausreichendes Ausentwickeln, unter der Voraussetzung, daß das Negativ keine oder kaum eine Himmelsschwärzung hat, läßt sich das aber etwas beheben. Notfalls helfen auch Schablonen, mit denen man den Mond anschließend abdeckt und den Himmel nachbelichtet. Bei Ausschnittvergrößerungen ohne Himmel entfällt natürlich diese Schwierigkeit.

Bei Großaufnahmen von Mond-Details geht es oft um zarte Tonwerte und gleichzeitig kräftige Schatten im gleichen Bild. Um beides bildwirksam werden zu lassen, be-

---

* Wer wirtschaftlicher arbeiten möchte, sollte auch die neuen Gradationswandelpapiere mit ins Kalkül ziehen. Man benötigt nur mehr eine Papiersorte, die Gradation läßt sich aber wandeln (beeinflussen) durch Vorschalten von Magenta-Filtern verschiedener Dichtestufen. Eine schöne Sache für jemand, der beispielsweise einen Durst-Universalvergrößerer mit Farbmischkopf besitzt. Die Möglichkeit der stufenlosen Filtereindrehung bringt auch für den Einsatz von Gradationswandelpapieren beim S/W-Prozeß große Vorteile. 133

dient man sich der Zweischalen-Entwicklung: im ersten Entwicklungsbad werden in einem weich arbeitenden Entwickler die zarten Tönungen etwa 30 bis 40 Sekunden entwickelt. Der anschließende harte Entwickler vernachlässigt die weichen Partien und holt die kräftigen Kontraste heraus.

Ähnliches wie für Mondaufnahmen gilt auch für Aufnahmen von Planeten. Nur entfallen hier meist die weichen Tonwerte. Man will in der Regel Kontraste verstärken, so daß harte Papiere angezeigt sind.

Bei Sternfeldaufnahmen möchte man gern einen möglichst dunklen Himmelshintergrund haben, als Kontrast zu den rein weißen Sternpunkten. Das würde in Richtung hartes Papier gehen. Andererseits sollen die schwächsten Sterne nicht im Hintergrund „versaufen", ihre Erkennbarkeit sollte sogar gesteigert werden. Das zwingt zunächst zu einem Kompromiß, zu einem Papier mittlerer Gradation, außerdem zu einer optimalen Belichtung und Entwicklung, die nur durch Versuche erzielt werden kann. Belichtet man etwas zu lange und bricht die Entwicklung ab, gerade bevor die schwächsten Sterne zu dunkeln beginnen, bleibt der Hintergrund grau. Das gleiche gilt bei zu kurzer Belichtung und quälend langer Entwicklung.

Um ein vergrößertes Papierbild von Sternfeldaufnahmen zu erhalten, hat sich noch eine ganz andere Methode bewährt, bei der auch die feinen Pünktchen – Sterne, deren Helligkeit gerade über dem Himmelhintergrund liegen – noch gut herauskommen: statt dem Schwarzweißnegativ benutzt man eine Aufnahme mit Color-Umkehrfilm. Dieses Diapositiv legt man in das Vergrößerungsgerät. Die Projektion auf Fotopapier ergibt nach der Entwicklung zwar ein Negativ. Aber dafür entfällt der Ärger mit dem grauen Himmel. Es steht ein recht großer Belichtungsspielraum zur Verfügung, um die schwachen Sterne gerade leicht zu schwärzen, wobei der Himmel noch weiß bleibt.

Im übrigen sollte man es nicht als unnatürlich oder gar „falsch" empfinden, wenn Sterne als schwarze Punkte vor weißem Himmel erscheinen. Bei der Auswertung von Aufnahmen stört das nicht, und außerdem haben

sich die Astronomen längst an diesen „negativen" Anblick gewöhnt. Fast alle fotografischen Dokumente in der Astronomie sind „schwarz auf weiß". Jedes Umkopieren bedeutet Informationsverlust oder eventuell sogar Verfälschungen.

Wenn in Sternfeldern zarte Wasserstoff-Nebelschleier liegen oder schwache Spiralnebel, wird es noch schwieriger. Mit Tricks kann man hier nachhelfen, wenn man nicht in Kauf nehmen will, daß der Himmel grau bleibt. Handelt es sich um ein elliptisches Nebelfleckchen, kann man aus Papier eine etwas kleinere Ellipse ausschneiden und an einem dünnen Draht befestigen. Sie wird so in den Strahlengang gehalten, daß ihr unscharfer Schatten den Nebel gerade abdeckt und in dieser Position (mit einem seitlich stehenden Stativ) fixiert. Bei diesen Vorarbeiten liegt natürlich noch kein Fotopapier unter dem Gerät. Während der Belichtung wird die Scheibe nach kurzer Zeit entfernt, so daß der Nebel etwas weniger Licht erhält als die Umgebung. Wieviel weniger, müssen Versuche zeigen. Die „Fälschung" sollte natürlich nicht auffallend sein.

Die Arbeit im Fotolabor reizt zu vielseitigen Experimenten. Man kann zum Beispiel eine Serie von Einzelbildern der Positionen der Jupiter-Monde, die etwa in Abständen von einer Stunde aufgenommen wurden, auf ein Fotopapier untereinander als Bildreihe belichten. Dazu ist wieder eine Schablone nötig: ein schwarzer Karton, in den ein Rechteck geschnitten wurde, das die Größen des Jupitersystems hat. Am Rand der Pappe ist eine Marke, mit der man die Schablone für jede neue Belichtung um genau eine Bildhöhe (Höhe des ausgeschnittenen Rechtecks) weiterschieben kann. Außerdem ist die Mitte des Rechtecks an den vier Seiten markiert, so daß man den Jupiter selbst immer in die Mitte stellen kann. Man erhält so eine Bildserie vom „Tanz" der Jupiter-Monde. Und nun viel Spaß beim gesamten Komplex „Astro-Fotografie". Durch Entdeckungsfreude und hoffentlich mit diesem Buch geweckte Eigeninitiative werden Sie zu noch vielerlei Techniken finden und interessante Ergebnisse erhalten. Die Astro-Fotografie ist ein lohnendes Betätigungsfeld, ein Leben lang.

Sachregister

135

Literaturhinweise

Allgemeine Praxis

Brandt, Rudolf: Das Fernrohr des Sternfreundes. Kosmos-Verlag Stuttgart
Büdeler, Werner: Blick ins Weltall. Mosaik-Verlag München
Hahn, Hermann-Michael: Astronomie – ein modernes Hobby. Arena-Verlag Würzburg
Herrmann, Joachim: Der Amateurastronom. Kosmos-Verlag Stuttgart
Lindner, Klaus: Astronomie selbst erlebt. Aulis-Verlag Deubner Köln
Roth, Günter (Hrsg): Handbuch für Sternfreunde. Springer-Verlag Berlin

Astronomische Jahrbücher

Der Sternenhimmel, Robert A. Naef/Paul Wild. Verlag Sauerländer Aarau
Das Himmelsjahr, Max Gerstenberger. Kosmos-Verlag Stuttgart

Astrophotopraxis

P. Bourge, J. Dragesco, Y. Dargery: La Photographie Astronomique d'Amateur. Paul Montel Paris
Paul, E. Henry: Outer Space Photography for the Amateur; American Photography Book Publishing Co., New York, 1976
Newton, Jack: Deep Sky Objects; Gall Publications, Toronto, 1977

Zeitschriften mit Astrofototips

Sterne und Weltraum, Verlag ,,Sterne + Weltraum'', Düsseldorf
Sky and Teleskope, Sky Publishing Corp. Cambridge, Mass. (USA)
Astronomy, AstroMedia Corp. Milwaukee, Wisconsin (USA)

„Vertraut mit den Wundern des Weltraums"

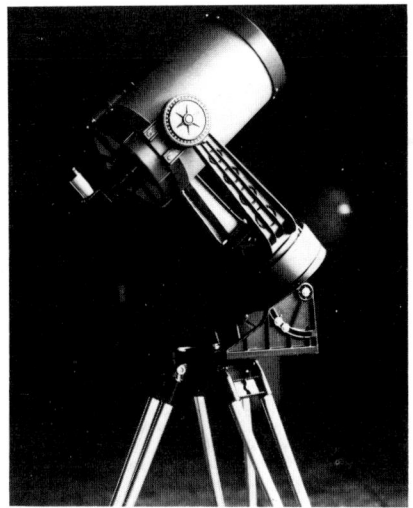

Ebenso wie die Kunst ästhetische Wünsche und Gefühle des Menschen befriedigt, so ist ein wissenschaftliches Hobby, oder besser „Wissenschaft als Hobby", gleiche Befriedigung für den menschlichen Intellekt. Auf dem astro-photographischen Gebiet haben soeben die U.S. Raumsonden Voyager I und II durch ihre sensationellen Farbphotos wieder gezeigt, daß die Klassische Physik sehr wohl ausreicht, Werden und Vergehen im Kosmos für jedermann verständlich zu machen.

Machen Sie deshalb sich und Ihre Kinder — **vertraut mit den Wundern des Weltraums.** Sie werden ein Leben lang von einem besonders faszinierenden Wissen profitieren.

Wir sind seit 15 Jahren in Deutschland auf dem Gebiet Schul- und Hobby-Astronomie tätig und haben auch für Sie oder für Ihre Kinder die richtigen Anregungen, wie zum Beispiel diese:

Baader Planetarium

Die möglichst realistische Darstellung der Bewegungsverhältnisse von Erde und Mond um die Sonne war unser Hauptanliegen bei der Konstruktion dieses Gerätes. Was sich jedoch durch die Verbindung mit dem umgebenden Sternglobus alles herleiten läßt, übertrifft die Möglichkeiten früherer Modelle um ein Vielfaches und reicht von der einfachen Darstellung von Tag und Nacht bis zur Projektion des Nachthimmels für jede Jahreszeit und jede Position auf der Erde. Jetzt läßt sich alles demonstrieren was das eigene räumliche Vorstellungsvermögen übersteigt und was man einem Kind — auch nicht mit der besten Erklärung — verständlich machen könnte.

Celestron-Teleskope

sind heute mit Abstand die weitverbreitetsten Fernrohre in der ganzen Welt. Die überragende optische Qualität, verbunden mit der äußerst kompakten Bauweise haben sie diese Stellung in kurzer Zeit erobern lassen. Und das nicht zuletzt aufgrund der niedrigen Preise — eine selbstverständliche Folge der hohen Fertigungszahlen.

Observa Dome – Beobachtungskuppeln

Eine permanente Aufstellungsmöglichkeit für das Teleskop – ohne lästige Herumtragerei (ohnehin nur bei leichtgewichtigen Teleskopen möglich) – ist der Wunschtraum aller Amateure und ein Muß für Schulen, wo ansonsten die halbe Beobachtungszeit mit dem korrekten Aufstellen des Gerätes verbracht wird. Observa Dome stammen vom ältesten und größten Hersteller für astronomische Schutzbauten aus den USA. Anders als eine abklappbare Hütte bietet die klassische, ästhetische Kuppel-Konstruktion perfekten Windschutz (wird erst im Winter gewürdigt) und völlige Abschirmung gegen störendes Streulicht.

Diaserien und echte Photoabzüge

Palomar-Aufnahmen bis zu neuesten Ergebnissen der Voyager-Planetensonden. Muster-Diaserien, hergestellt mit Celestron-Teleskopen.

Astronomische Literatur

Sternkarten, Jahrbücher, Kalender usw.

Spektroskopisches Filmmaterial

Für detaillierte Beratung – auch Vorführung – stehen wir Ihnen in München gerne zur Verfügung. Wir bitten nur um kurze vorherige Anmeldung.

BAADER PLANETARIUM KG
POSTFACH 0309 · 8000 MÜNCHEN 21
TELEX 5212857 · TELEFON (089) 567939

Klaus Unbehaun

Filmen mit Canon
Super-8 und 16 mm in der Praxis

Dieses Buch bietet eine umfassende Darstellung der filmischen Möglichkeiten mit Filmkameras aus dem Canon-Programm. Neben einer ausführlichen Darstellung der Kameratechnik, werden nützliche Tips für die filmische Praxis gegeben.

Format 12 × 17 cm (Taschenbuch), 208 Seiten.

DM 16.50

11. – 20. Tausend
ISBN 3-88369-100-3

Klaus Felter/Hans Wernitz

Canon Filmschule
Theorie und Praxis des Hobbyfilms

Dieses Buch enthält das komplette Seminarprogramm der erfolgreichen Canon-Filmschule auf Rädern von 1978. Es bringt alle Voraussetzungen, die Seminar-Aufgaben in eigener Regie durchzuarbeiten.
Eine Anleitung für Hobby-Filmer und solche die es werden wollen. Mit vielen Anregungen und Beispielen zum Nachmachen.

Format 20 × 25 cm, 114 Seiten.

DM 19.80

3. – 12. Tausend
ISBN 3-88369-025-2

Dieter Müller

Fünfzehn Dutzend handfeste Tips für Filmer und solche, die es werden wollen

Mit wichtigen Informationen und handfesten Tips aus der Praxis für die Praxis (ohne langatmige Ausführungen) hilft Ihnen dieses Buch, viele gute Filme zu drehen.

Format 14,8 × 21 cm (DIN A 5), 100 Seiten.

DM 16.80

1. – 10. Tausend
ISBN 3-88369-030-9

Joachim Giebelhausen

Trickfilm in Theorie und Praxis, Band 1
Eine Schule für Hobbyfilmer und Profis

Das große Trickfilmbuch, geschrieben von einem Profi seines Fachs. Über 500, meist 4farbige Illustrationen geben mit sachkundigem Text die umfassendste Darstellung zum Thema Trickfilm, die es bisher gab. Tricktafeln zum Abfilmen im Anhang.

Format 20 × 25 cm, 152 Seiten.

DM 29.50

1. – 10. Tausend
ISBN 3-88369-070-8

Klaus Felter

Filmschnitt in Theorie und Praxis... damit aus Filmszenen gute Filme werden.

Mit welchem Gerät und nach welchen Gesichtspunkten werden Hobbyfilme geschnitten? Der Filmschnitt ist eine schöpferische Tätigkeit und bereitet richtig organisiert viel Freude. Wie der Hobbyfilmer mit der Montage seine Aufnahmeergebnisse verbessern kann, wird ausführlich beschrieben. Mit einem beim Verlag erhältlichen Beispielfilm kann der Filmfreund die Theorie in der Praxis nachvollziehen und überprüfen.

Format 20 × 25 cm, 100 Seiten.

DM 19.80

1. – 5. Tausend
ISBN 3-88369-045-7

Hans Wernitz

Tricks mit Trickfilm, Band 2
10 Trickfilmthemen zum Selberfilmen mit ausführlicher Anleitung

In einer Buchkassette sind neben einer Anleitung 10 Zeichentrick-Themen zusammengefaßt, deren Phasen fertig vorbereitet sind zum Abfilmen, komplett mit Fahrplan. Der beste Einstieg in den Trickfilm, auch wenn Sie nicht zeichnen können.

Format 20 × 25 cm, 324 Trick-Phasen-Karten, plus 24 Seiten Anleitung.

DM 24.50

1. – 10. Tausend
ISBN 3-88369-075-9

Günter Richter

Der Weg zu besseren Bildern

Sie können viel besser fotografieren als Sie glauben. Das Buch gibt praktische Tips über Dinge, die es zu beachten gibt. Geschrieben für die tägliche Fotopraxis, keine graue Theorie.

Format 14,8 × 21 cm (DIN A 5), 132 Seiten,

DM 16.80

11.-20. Tausend
ISBN 3-88369-145-3

Günter Richter · Anselm Spring

**Der Weg zur kreativen Fotografie.
Effekte – Stimmungen – Experimente**

Führte DER WEG ZU BESSEREN BILDERN lebensnah in die Grundlagen der Fotografie ein, so geht dieser Band den logischen Schritt weiter zur schöpferischen, effektvollen Aufnahme. Wieder ist es eine Fülle eindrucksvoller Aufnahmen, die dem Amateur vor Augen führt mit welchen – oft überaus einfachen – Mitteln sich die Bildwirkung steigern läßt. Ein Buch, das Anstöße gibt und zur Nachahmung einlädt

Format 14,8 × 21 cm (DIN A 5), 144 Seiten.

DM 22.—

1. – 10. Tausend
ISBN 3-88369-125-9

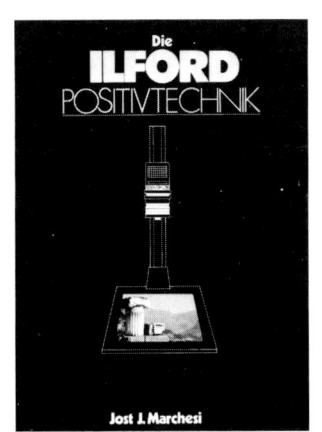

Jost J. Marchesi

Die Ilford-Positiv-Technik

Das Buch widmet sich ausschließlich, dafür aber sehr ausführlich, dem Thema Labortechnik in Color und Schwarzweiß mit Ilford-Material. Das erste Buch nach der erfolgreichen Einführung des Cibachrome-Systems.

Format 14 × 18,5 cm, 200 Seiten.

DM 24.—

1. – 33. Tausend
ISBN 3-88369-065-1

Jost J. Marchesi

Die Ilford-Negativ-Technik

In leichtfaßlicher Weise beschreibt das Buch die genauen Vorgänge bei der Entwicklung und Weiterverarbeitung von schwarzweißen Negativmaterialien.
Es führt den Anfänger subtil und verständlich in die sachgerechte Technik zum Erlangen optimaler Negative ein, bringt aber auch den Fortgeschrittenen eine Fülle von Informationen und Anregungen, die es erlauben, für jeden erdenklichen Zweck und jedes Ilford-Material durch Wahl der richtigen Verarbeitungsart noch besser gesteuerte Resultate zu erzielen.

Format 14 × 18,5 cm, 192 Seiten.

DM 24.—

1. – 15. Tausend
ISBN 3-88369-105-4

Selbstvergrößern im Hobby-Labor.
Band 1.

**Die Verarbeitungstechnik mit dem
Durst-Colorsystem**

Dieses Buch gibt eine komplette und übersichtliche Darstellung über die Möglichkeiten im Hobbylabor unter Verwendung des Durst-Colorsystems. Konkrete Einrichtungsbeispiele von der Startausrüstung über die verschiedenen Ausbaustufen bis hin zu den Verarbeitungstechniken mit Farbmischkopf und Analyser unter Berücksichtigung der aktuellen Chemie-Verfahren.

Format 14,8 × 21 cm (DIN A 5), 156 Seiten.

DM 17.80

56. – 66. Tausend
ISBN 3-88369-000-7

Ideen für kreative Bildgestaltungen

**Selbstvergrößern im Hobby-Labor.
Band 2**

Das ganze Spektrum kreativer Laborarbeit in über 500, größtenteils farbigen Abbildungen. Ein Buch, das bereits in englischer und französischer Sprache großen Erfolg hat.
Von Kodak autorisierte Ausgabe.

Format 14,8 × 21 cm (DIN A 5), 292 Seiten.

DM 24.80

21. – 30. Tausend
ISBN 3-88369-031-7

Alfons Scholz

Lichtbilder mit dem IMAGON

Dieses Buch gibt Auskunft über das historische und ästhetische Umfeld dieses Objektives. Es enthält einen Abriß der „Geschichte der Weichzeichner", bespricht ausführlich die Besonderheiten des IMAGON. Darüber hinaus erhält der Praktiker detaillierte Hinweise auf die Aufnahmetechnik, und es wird anhand von Bildbeispielen erläutert, wie das IMAGON an Mittelformatkameras einzusetzen ist. Vier bekannte Fotografen werden in eigenen Bildteilen vorgestellt.

Format 20 × 25 cm, 100 Seiten.

DM 24.80

1. – 3. Tausend
ISBN 3-88369-130-5

James E. Cornwall

„Die Frühzeit der Photographie in Deutschland 1839–1869
Die Männer der ersten Stunden und ihre Verfahren"

Im Hinblick auf das deutlich gestiegene Interesse für die Geschichte der Fotografie stellt dieses Buch den Auftakt zu einer neuen fotohistorischen Reihe dar. Der Autor und Fotohistoriker präsentiert einen Dokumentarbericht mit über 140 bisher meist unveröffentlichten Fotos und historisch belegten Texten. Über die Geschichte der Fotografie hinaus sind die Abbildungen in ihrer Gesamtheit eine einprägsame Bildhistorie der ersten 30 Jahre deutscher Fotografie.

Format 20 × 25 cm, 164 Seiten.

DM 35.80

1. – 5. Tausend
ISBN 3-88369-120-8

W. Knapp/H.M. Hahn

Astrofotografie als Hobby

Die Autoren informieren präzise über Möglichkeiten und Wege der Astrofotografie. Zahlreiche Formeln und Tabellen ermöglichen es dem interessierten Hobby-Astronomen oder Amateur-Fotografen, sich die Daten für eigene Aufnahmen zusammenzustellen – seien es Strichspuraufnahmen, Aufnahmen vom Mond und seinen Kratern oder von Sonnenfinsternissen. Ein unentbehrlicher Ratgeber für alle, die auf dieses interessante Gebiet vorstoßen möchten.

Format 20 × 25 cm, 144 Seiten.

DM 39.50

1. – 10. Tausend
ISBN 3-88369-016-3

James E. Cornwall

„Historische Kameras 1845–1970, ein Handbuch für Sammler"

„Oldtimer", die erfolgreiche Serie des bekannten Kameraexperten wird auf vielfachen Wunsch hier endlich in Buchform präsentiert. Das Buch ist aber nicht nur eine Zusammenfassung der einzelnen Folgen, sondern der Autor legte besonderen Wert auf Ergänzung der jeweiligen Kamera-Reihen, zeigt und beschreibt mehr als 800 Kameras – davon einige Hundert noch nie veröffentlichter Raritäten.

Format 20 × 25 cm, 264 Seiten.

DM 59.—

1. – 5. Tausend
ISBN 3-88369-115-1

Wolfgang Engelhardt

Fotografie im Weltraum Bd. 1

Die Erforschung des Weltraums durch bemannte und unbemannte Satelliten wäre nicht denkbar ohne Fotografie. Fotoapparate liefern aus dem Weltraum gestochen scharfe Bilder unserer Erde, helfen Bodenschätze finden und bei der Vorhersage des Wetters. Kameras begleiteten Astronauten, als sie aus Raumschiffen ausstiegen und dokumentierten die Schritte der ersten Menschen auf dem Mond. Das umfangreiche Bildmaterial wird durch einen kenntnisreichen Text ergänzt.

Format 20 × 25 cm, ca. 232 Seiten.

DM 39.50

1. – 5. Tausend
ISBN 3-88369-011-2

James E. Cornwall

In vornehmen Kreisen
Nicola Perscheid. Hoffotograf

Der Autor schildert eine der markantesten Persönlichkeiten der deutschen Fotografengeneration zwischen 1898 und 1925. Ein halbes Jahrhundert stand Nicola Perscheid hinter der Kamera. Er war ein sachlicher Porträtist. Nicola Perscheid vertrat die Ansicht, daß Porträts zeitlos sein müssen – er ist den Beweis nicht schuldig geblieben.

Format 20 × 25 cm, 80 Seiten.

DM 39.—

1. – 3. Tausend
ISBN 3-88369-001-5